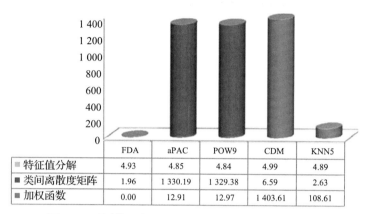

	FDA	aPAC	POW9	CDM	KNN5
▣ 特征值分解	4.93	4.85	4.84	4.99	4.89
▣ 类间离散度矩阵	1.96	1 330.19	1 329.38	6.59	2.63
▣ 加权函数	0.00	12.91	12.97	1 403.61	108.61

图 2-6　不同模型在 d'=160 时的训练时间（单位：秒）

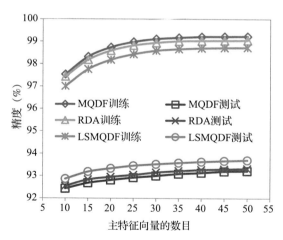

图 3-6　在联机识别任务中对 MQDF、RDA、LSMQDF 的比较

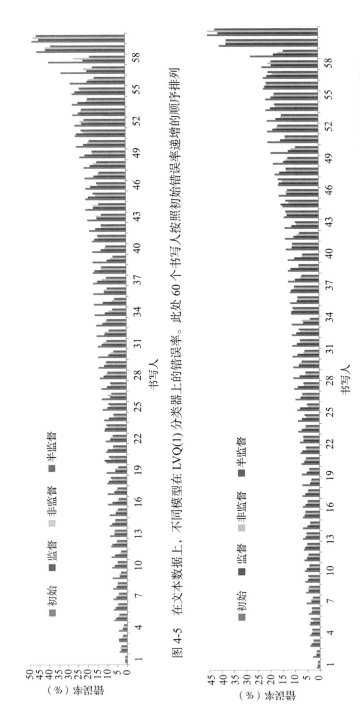

图 4-5　在文本数据上，不同模型在 LVQ(1) 分类器上的错误率。此处 60 个书写人按照初始错误率递增的顺序排列

图 4-7　在文本数据上，不同模型在 MQDF(10) 分类器上错误率。此处 60 个书写人按照初始错误率递增的顺序排列

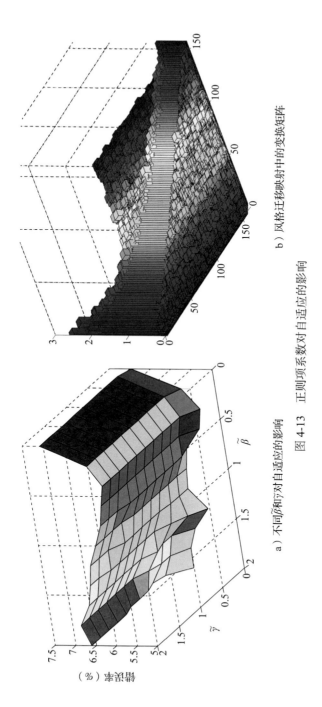

a）不同 $\tilde{\beta}$ 和 $\tilde{\gamma}$ 对自适应的影响

b）风格迁移映射中的变换矩阵

图 4-13 正则项系数对自适应的影响

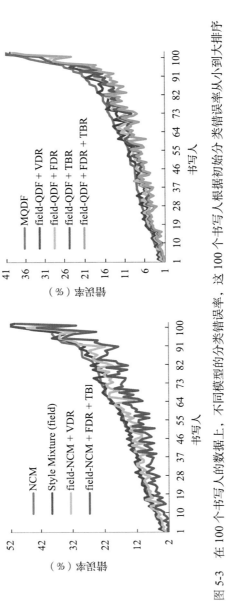

图 5-3　在 100 个书写人的数据上，不同模型的分类错误率，这 100 个书写人根据初始分类错误率从小到大排序

CCF优秀博士学位论文丛书

大类别集分类与自适应及其在汉字识别中的应用

Large Category Classication
and Adaptation with Applications
to Chinese Handwriting Recognition

张煦尧———— 著

机械工业出版社
CHINA MACHINE PRESS

本书从大类别集和非独立同分布的角度出发，分别对降维、分类器学习、分类器自适应三方面的研究进行了深入的阐述，并且通过实验证明了在联机及脱机手写汉字识别上本书方法的性能优于传统方法。本书主要内容包括：基于加权 Fisher 准则的大类别集降维、基于局部平滑的修正二次判别函数、基于风格迁移映射的分类器自适应、基于风格归一化的模式域分类。

　　本书可以帮助读者了解手写体汉字识别方面的研究进展，可作为人工智能、模式识别领域的高校研究生、科研工作者的参考用书。

图书在版编目（CIP）数据

大类别集分类与自适应及其在汉字识别中的应用/张煦尧著．—北京：机械工业出版社，2022.7（2024.11 重印）

（CCF 优秀博士学位论文丛书）

ISBN 978-7-111-71328-9

Ⅰ．①大…　Ⅱ．①张…　Ⅲ．①模式分类器-应用-汉字-文字识别-研究　Ⅳ．①TP391.43

中国版本图书馆 CIP 数据核字（2022）第 139021 号

机械工业出版社（北京市百万庄大街 22 号　邮政编码 100037）
策划编辑：梁　伟　　　　　责任编辑：游　静
责任校对：薄萌钰　张　薇　封面设计：鞠　杨
责任印制：郜　敏
北京富资园科技发展有限公司印刷
2024 年 11 月第 1 版第 4 次印刷
148mm×210mm·5.75 印张·2 插页·108 千字
标准书号：ISBN 978-7-111-71328-9
定价：39.00 元

电话服务　　　　　　　　网络服务
客服电话：010-88361066　机　工　官　网：www.cmpbook.com
　　　　　010-88379833　机　工　官　博：weibo.com/cmp1952
　　　　　010-68326294　金　书　网：www.golden-book.com
封底无防伪标均为盗版　机工教育服务网：www.cmpedu.com

CCF
优秀博士学位论文丛书
编委会

　　博士研究生教育是教育的最高层级，是一个国家高层次人才培养的主渠道。博士学位论文是青年学子在其人生求学阶段，经历"昨夜西风凋碧树，独上高楼，望尽天涯路"和"衣带渐宽终不悔，为伊消得人憔悴"之后的学术巅峰之作。因此，一般来说，博士学位论文都在其所研究的学术前沿点上有所创新、有所突破，为拓展人类的认知和知识边界做出了贡献。博士学位论文应该是同行学术研究者的必读文献。

　　为推动我国计算机领域的科技进步，激励计算机学科博士研究生潜心钻研，务实创新，解决计算机科学技术中的难点问题，表彰做出优秀成果的青年学者，培育计算机领域的顶级创新人才，中国计算机学会（CCF）于 2006 年决定设立"中国计算机学会优秀博士学位论文奖"，每年评选不超过 10 篇计算机学科优秀博士学位论文。截至 2020 年已有 135 位青年学者获得该奖。他们走上工作岗位以后均做出了显著的科技或产业贡献，有的获国家科技大奖，有的获评国际高被引学者，有的研发出高端产品，大都成为计算机领域国内国际知名学者、一方学术带头人或有影响力的企业家。

　　博士学位论文的整体质量体现了一个国家相关领域的科技发展程度和高等教育水平。为了更好地展示我国计算机学科博士生教育取得的成效，推广博士生科研成果，加强高端学术交流，中国计算机学会于 2020 年委托机械工业出版社以"CCF 优秀博士学位论文丛书"的形式，陆续选择 2006 年至今及以后的部分优秀博士学位论文全文出版，并以此庆祝中国计算机学会建会 60 周年。这是中国计算机学会又一引人瞩目的创举，也是一项令人称道的善举。

　　希望我国计算机领域的广大研究生向该丛书的学长作者们学习，树立献身科学的理想和信念，塑造"六经责我开生面"的精神气度，砥砺探索，锐意创新，不断摘取科学技术明珠，为国家做出重大科技贡献。

　　谨此为序。

中国工程院院士

2021 年 12 月 6 日

模式识别研究如何使机器模拟人的感知功能，使机器可以从环境感知数据中检测、识别和理解目标、行为、事件等的模式，这是人工智能的一个主要方向。模式识别的主要技术和研究内容包括：特征提取与选择、分类器设计与学习、后处理与决策等。本书从数据降维、分类器学习、分类器自适应三个方面进行了研究，并且在手写汉字识别这一典型的大类别集模式分类问题上进行了实验验证，取得了优异的性能。

在数据降维方面，传统的 Fisher 线性判别分析作为一种有监督降维算法，在模式识别中被广泛使用。然而，当类别数较大时，其降维后的子空间中会出现相似类别混淆的问题。为解决此问题，作者提出了根据类别之间的相对位置关系进行加权的 Fisher 准则，有效克服了类别混淆问题并显著提升了识别性能。在分类器学习方面，基于高斯分布假设的贝叶斯分类器的形式是二次判别函数。为解决二次判别函数中协方差矩阵估计不精确的问题，修正二次判别函数 MQDF 被提出并广泛使用。在此基础上，作者提出了一种基于局部平滑的修正二次判别函数 LSMQDF，对每一个类的协方差矩阵与其邻近的其他类的协方差矩阵进行平滑处理。作为防止过拟合的正则项，同时也是对全局平滑方法的一种推广，LSMQDF 取得了明显的泛化性能提升。在分类器自适应方面，当测试数据与训练数据不满足独立同分布假设时，分类器的性能会大大下降。为解决这一问题，作者提出了基于风格迁移映射的分类器自适应方法，其目标函数是一个凸的可以解析求解的二次优化问题。该方法可以与不同的分类器结合，用于监督的、非监督的及半监督的自适应，并使得错误率显著下降。最后，本书还探讨了模式域分类方法，通过充分利用样本之间的风格一致性来提高分类精度，通过对传统的贝叶斯决策方法进行扩展得到了一系列新的训练和决策准则，并在多姿态人脸识别、多说话者语音识别、多书写人汉字识别上取得了优于传统方法的性能。

当前，深度学习或深度神经网络方法已经成为解决模式识别问题的主要手段。然而，相较于传统模式识别方法，深度学习在可解释性、鲁棒性、小样本学习、自适应性等方面仍然存在欠缺。因此，将经典的模式识别方法与深度学习技术进行有效结合，将有助于二者取长补短、相互促进，从而进一步提升模式识别在开放环境中的实用性。

刘成林

中国科学院自动化研究所副所长

2022 年 2 月 28 日

摘　要

　　模式分类问题是机器学习和模式识别的核心问题，而特征表示和分类器设计又是模式分类的关键步骤。大量的特征提取方法以及分类器模型被相继提出并在实际问题中得以广泛应用。然而绝大多数的模型针对的是小类别集问题，并且需要满足独立同分布的假设。因此这些模型在解决实际问题过程中会有一定的局限性。例如，对于汉字识别这样一个典型的大类别集问题，传统的 Fisher 线性判别分析降维会导致相似字类别混淆的问题，并且不同的书写人具有迥异的书写风格，这打破了独立同分布的假设。本书从"大类别集"和"非独立同分布"的角度出发，分别从降维、分类器学习、分类器自适应三方面进行了深入的研究，并且在联机及脱机手写汉字识别上取得了优于传统方法的性能。本书的主要贡献如下：

　　1）基于加权 Fisher 准则的大类别集降维方法。为了解决传统的 Fisher 线性判别分析在大类别集问题中的相似类别混淆问题，本书从加权 Fisher 准则的角度出发，给予容易混淆的类别更大的权值，从而获得更优的降维子空间。本书充分比较了五种不同的加权函数以及三种加权空间，在此基础上提出了一种非参数降维方法，并在大类别集手写汉字识别中取得了最优性能。

2）局部平滑的修正二次判别函数分类器。为了解决修正二次判别函数 MQDF 对训练数据的过拟合问题，本书提出了一种基于局部平滑的修正二次判别函数 LSMQDF，对每一个类的协方差矩阵及其邻近的其他类的协方差矩阵进行平滑处理。作为防止过拟合的正则项，同时也是对全局平滑方法的一种推广， LSMQDF 取得了明显的泛化性能提升。

3）基于风格迁移映射的分类器自适应。为了应对非独立同分布问题，本书提出了一种基于风格迁移映射的分类器自适应方法。风格迁移映射是一个将"源点集"映射到"目标点集"的过程，其目标函数是一个凸的二次优化问题，因而可以解析求解。风格迁移映射可以与不同的分类器结合，并用于监督的、非监督的及半监督的自适应。大类别集手写汉字识别实验表明，风格迁移映射可以使错误率显著下降。

4）基于风格归一化的模式域（Pattern Field，PF）分类。为了充分利用样本之间的风格一致性以提高分类精度，本书提出了一种基于风格归一化的模式域分类方法。通过对传统的贝叶斯决策方法进行扩展，得到了一系列新的训练和决策准则。本书提出的方法在多姿态人脸识别、多说话者语音识别、多书写人汉字识别上取得了优于传统方法的性能。

关键词：大类别集模式分类；手写汉字识别；降维；局部平滑；修正二次判别函数；分类器自适应；风格迁移映射；模式域分类

ABSTRACT

Feature extraction and classifier design are the key problems for pattern classification. Numerous feature extraction methods and classification models have been proposed and applied successfully in the past decades. However, most of them are only suitable for small-category problems and are based on the i. i. d. (independently and identically distributed) assumption. Therefore, they cannot fulfill the requirements of real applications such as the handwritten Chinese character recognition (HCCR) problem, which is typical of large category set. For HCCR, the traditional Fisher linear discriminant analysis (FDA) cannot overcome the class separation problem, while the large variability of handwriting styles across individuals breaks the i. i. d. assumption and makes HCCR a challenging problem. To deal with "large category" and "non i. i. d." problems, from the perspectives of dimensionality reduction, classifier design, and classifier adaptation, this thesis proposed four effective methods summarized as follows.

1) Large category dimensionality reduction based on weighted Fisher criteria (WFC). To solve the class separation problem of

the traditional FDA model, using a weighting function to emphasize the close class pairs has been proposed to obtain a better reduced subspace. We evaluate different WFC with five weighting functions and three weighting spaces comprehensively, and further, propose a nonparametric WFC method which can achieve the best performance in handwritten Chinese character recognition.

2) Locally smoothed modified quadratic discriminant function (LSMQDF). To deal with the over-fitting problem of modified quadratic discriminant function (MQDF), we propose the LSMQDF which smoothes the covariance matrix of each class with its neighboring classes. As a regularization to avoid over-fitting and also an extension of the global smoothing method, LSMQDF can improve the generalization performance significantly.

3) Classifier adaptation with style transfer mapping (STM). To deal with the non i. i. d. problem, we propose a classifier adaptation model based on STM, which maps a source point set towards a target point set. The objective function of STM is a convex quadratic programming problem and therefore STM has a closed-form solution. STM can be combined with different types of classifiers for supervised, unsupervised, and semi-supervised adaptation. The experiments on a large scale online handwritten Chinese character recognition problem showed that STM can reduce the classification error significantly.

4) Pattern field classification based on style normalized transformation (SNT). To make full use of the style consistency among a group of patterns, we propose a pattern field classification framework based on SNT. By extending the traditional Bayes decision theory with two reasonable assumptions, a series of training and decision-making rules are proposed. Experiments on face, speech, and handwriting data demonstrate the advantages of pattern field classification.

Keywords: large category classification; handwritten Chinese character recognition; dimensionality reduction; local smoothing; MQDF; adaptation; style transfer mapping; pattern field classification

目 录

第 4 章　基于风格迁移映射的分类器自适应

第 5 章　基于风格归一化的模式域分类

插图索引

表格索引

第1章

绪论

1.1 背景介绍和研究意义

模式识别和机器学习是当今计算机领域中非常热门的研究方向。它们共同的特点是对复杂、海量数据进行智能处理，获取相关的知识描述，用机器模拟人的能力，替代人完成各种烦琐的智能任务。我们可以将模式识别和机器学习看作服务实际的工程问题，也可以是研讨数学的理论问题，更可以是探究认知与存在的哲学问题。从较高的层面上来说，最终的目标应该包括两个互补的方面，即更好地理解人类的认知过程和建立更加接近于人的计算模型。从应用的角度来说，最终的目标是要提出简单却行之有效的计算模型以解决具体的实际问题。要解决一个具体的模式识别问题（如字符识别、人脸识别、指纹识别、虹膜识别、语音识别、图像分类等），一般需要三个步骤：①预处理与特征描述；②特征变换；③分类器设计。其中第一步"预处理与特征描述"是与各个领域的背景知识息息相关的,而第二步"特征变换"和第三步"分类器设计"则涉及所有模式识别的共性问题。

1.1.1 特征描述

特征描述是模式识别问题的第一步,也是最重要的一步,因为一个好的特征描述可以让分类器的设计变得简单。提取什么样的特征取决于问题的性质,所以首先要根据问题的特性设计合理的预处理和特征提取方式。在不知道什么样的特征最好以及多少特征合适的情况下,一般的做法是提取尽可能多的特征,然后从中进行特征选择。往往提取的特征都是位于高维空间中的一个低维流形,所以需要对特征进行合适的变换,找到其本质维数。特征变换方法包括:①特征选择(其主要目的是从大量特征中选择出有效的特征,以降低复杂度并提高精度);②降维(对原始特征学习一个变换,使得变换之后的维数更低,可分性更好)。大量的线性降维方法,如主成分分析(Principal Component Analysis,PCA)[1,2]、Fisher 线性判别分析(Fisher linear Discriminant Analysis,FDA)[3]、独立成分分析(Independent Component Analysis,ICA)[4]、非负矩阵分解(Non-negative Matrix Factorization,NMF)[5] 以及局部保持投影(Locality Preserving Projections,LPP)[6] 被从不同的统计或者几何的角度提出来并且在实际问题中得以广泛应用。非线性降维方法包括:

①对传统方法的核扩展，如 kernel PCA[7] 和 kernel FDA[8]；②流形学习方法，如 ISOMAP[9]、LLE[10] 和 Laplacian eigenmaps[11]；③深度神经网络方法[12,13,14]，该方法利用一个深层次的网络结构去自动学习非线性的特征映射。

1.1.2 分类器设计

分类器设计是模式识别中和机器学习联系最紧密的一步。在过去几十年的研究中，大量分类模型被相继提出来。①第一种分类器是根据最大后验概率准则进行分类的贝叶斯分类器，其关键是要估计类条件概率密度，主要有两类方法：第一类为参数方法（如高斯分类器），第二类为非参数方法（如最近邻分类器）。②第二种分类器是神经网络，它是一类经典的分类器，因其能一定程度上模拟生物大脑特性，所以受到广泛关注。在实际中广泛应用的神经网络模型包括 MLP、RBF、SOM 等[15]。神经网络在兴盛一段时期之后就陷入了低谷期。在统计机器学习兴盛的年代，神经网络的研究显得相对缓慢且不受重视。但是近些年来兴起的深度学习（deep learning）[12,16] 又赋予了神经网络一个新的内涵——"特征学习"，即利用多层复杂的神经网络机制去学习一个理想的特征描述，从而提升分类的精度。深度学习在很多领域（如手写字符识别、语音识别、图像识别等）取得了突破性进展，因而引起了神经网络研究的新一轮热潮。

③第三种分类器是支撑向量机（SVM）[17]。SVM 的提出带来了统计机器学习的兴盛发展。SVM 给学术界开辟了三种新的研究思路：第一为核方法的普及，即通过一个隐性的映射（核函数）将数据映射到高维空间的思想；第二为大间隔（large margin）的思想，它被广泛应用在各种模型训练和选择问题（以及随之而来的 VC 维理论）上；第三则是凸优化加正则项的机器学习研究范式。④第四种分类器是集成学习（ensemble learning）。集成学习是基于"三个臭皮匠胜过诸葛亮"的思想而来的，集成很多弱分类器达到强分类器的效果[18]，Boosting[19]、Bagging[20] 是比较有代表性的工作。至于将一个多类问题转化成多个两类问题，则有一对多（one vs all）[21]、一对一（one vs one）[22] 以及纠错输出编码（ECOC）[23] 等方法。⑤第五种分类器是产生-判别学习。该分类器可以分为两类，第一类为描述数据型（descriptive model），如高斯分类器，对每一个类的数据进行高斯描述，称为产生式（generative）模型。第二类为边界划分型（boundary model），如 SVM 直接对分类界面进行优化，称为判别式（discriminative）模型。它们各有各的优点，判别式模型直接优化分类界面，可以获得更高的识别精度，而产生式模型则能更好地对数据进行描述，防止过拟合，并且更好地对噪声样本 Outlier 进行拒绝。考虑到优势互补，产生-判别式混合模型可以得到更好的综合性能。⑥第六种分类器是聚类。前面介绍的分类器都是在监督学习的框架下，而非

监督学习问题则转化成了一个聚类问题[24]。

1.1.3 分类器自适应

在分类器的训练过程中，大部分的模型都基于一个假设：样本是独立同分布的（Independently and Identically Distributed，IID）。IID 的假设包含两点：①样本与样本之间是独立的；②训练集和测试集是同分布的。但是 IID 的假设在实际中往往不成立。在训练集上训练好的分类器，在测试集上可能效果不好，这时候就需要分类器自适应。模式分类的本质是空间划分，可以利用线性、二次或者更复杂的非线性方法（如核方法）去刻画分界面。在 IID 的假设下，只需要在训练集上得到一个尽可能精确的划分，就可以在测试集上取得不错的预期效果。并且在训练过程中一般都假设样本是独立的，因此样本之间的损失函数可以直接相加（如 SVM、Boosting 等）。然而在实际中，IID 的假设有时候并不成立，或者说通过打破 IID 的假设，可以利用更多的辅助信息去提高分类精度。以非 IID 的方式出现的数据非常常见，如测试集和训练集的分布不一致：①在印刷体字符上训练的分类器，放到无约束、自然手写的字符上，分类精度就会很低；②在室内均匀光照、姿态校准后的人脸图片上训练的分类器，放到户外无约束、自由光照的人脸上，泛化性能就会很差；③说话者无关的语音识别器，遇到一些有特殊口音（比如各地方言）的人就会变得无用武之地。这些都说明了：如果训练集不能代表测试集的分布，分类器的性能就会大大降低。在这种情况下，我们必须考虑分类器的自适应，就是将分类器从训练集的分布调整到测试集的分布上来。另外一种非 IID 的情况就是样本之间不是相互独立的：①同一个人的一组手写字符包含了特定的书写风格；②同一个摄像机在同一个角度拍摄的照片具有相同的视角和光照强度；③同一个说话者的语音信号包含了特定的口音等。在上述情况下，样本通常以成组的方式出现，每一组的内部样本具有相同的风格（如书写风格、拍摄角度、口音等），这种信息被称为风格上下文（style context）。如果在训练分类器的过程中能够充分利用风格上下文就可以进一步提高分类精度。为了应对非 IID 的问题，分类器自适应得到了广泛的研究[25,26,27,28]，并且被应用到不同的领域中，如手写字符识别中的书写人自适应[29,30,31,32]、语音识别中的说话者自适应[33,34,35]、自然语言处理中的领域自适应[36,37,38]、生物认证[39]以及计算机视觉[40]。

1.1.4 大类别集汉字识别

传统的模型大部分都是针对小类别集问题，比如被大量使用的降维方法 FDA、最经典的单分类器系统 SVM、最成功的多分类器系统 Boosting 和大部分分类器自适应方法最早都是针对两类或小类别集问题提出的。怎样对大类别集问题进行有效的降维、分类器训练及分类器自适应都是亟待研究的问题。一个非常实际的大类别集问题就是汉字识别问题。汉字识别在我国的研究已有三十多年的历史，其中联机汉字识别作为一种有效的汉字输入法在手写板、数码笔、智能手机、平板计算机等设备上具有广泛的应用，并且在未来的"笔计算"时代有望取代鼠标成为一种自然的人机交互方式。而脱机汉字（印刷体、手写体）识别在图书馆电子化、邮政地址识别、金融票据识别、人事档案数字化、汉语考试试卷评估等应用场景下也变得越来越重要。印刷体汉字识别相对比较容易，而手写汉字识别（联机和脱机）是一个非常具有挑战性的问题，其具体原因包括：①汉字是一种表意文字，大约有超过 3 万种字符类别，其中常用字符种类就有 5 000 左右，而有些商用 OCR 产品更是支持 1 万以上的字符类别；②很多中文字符之间其形状非常相似，有时候即使人也很难分辨；③不同书写人的风格差别巨大，同一个汉字在不同人的书写下其形状差别非常大，即不同书写人的数据不是独立同分布的（非 IID）。这三点使得手写汉字识别变得非常复杂，尤其是后两点使得其分类精度远远低于印刷体字符识别。

1.2　本书主要内容及贡献

从"大类别集"和"非独立同分布"两个角度出发，本书分别从降维、分类器设计、分类器自适应三方面进行了深入研究，并且在手写汉字识别（联机和脱机）上取得了优于传统方法的性能。为了充分利用样本之间的风格一致性以提高分类精度，本书还提出了一种基于风格归一化的模式域分类方法。本书的主要贡献如下：

1）基于加权 Fisher 准则的大类别集降维方法。传统的 Fisher 线性判别分析（FDA）在大类别集问题中会带来相似类别混淆的问题。为了解决这个问题，本书从加权 Fisher 准则的角度出发，对容易混淆的类别给予了更大的权值，从而获得更优的降维子空间。本书充分比较了五种不同的加权函数（FDA、aPAC、POW、CDM、KNN）以及三种加权空间（原始空间、低维空间、片段空间）对降维的影响。实验结果表明，定义在原始空间中的 KNN 加权函数可以取得最优的分类性能并具有较低的计算复杂度。为了进一步提升性能，本书把加权的思想从类别级别（class level）扩展到了样本级别（sample level），提出了一种非参数加权 Fisher 准则降维方法，称为样本级别的 KNN（SKNN）方法。通过将其与一系列降维方法（LLDA、NCLDA、HLDA）的比较表明，SKNN 具有最优的分类性能。

2）局部平滑的修正二次判别函数分类器。修正二次判别函数（Modified Quadratic Discriminant Function，MQDF）很好地解决了协方差矩阵奇异的问题，在大类别集汉字识别中取得了优异的性能。然而 MQDF 仍然容易产生对训练集的过拟合。为此，本书提出了一种基于局部平滑的修正二次判别

函数（Locally Smoothed MQDF，LSMQDF），对每一个类的协
方差矩阵与其邻近的其他类的协方差矩阵进行平滑处理。
LSMQDF 可以看作一种防止过拟合的正则项（regularization），
同时也可以看作对全局平滑（global smoothing）方法的一种
推广。实验表明，LSMQDF 可以提升 MQDF 的泛化性能，并
且要优于全局平滑的方法 RDA（Regularized Discriminant
Analysis）。

3）基于风格迁移映射的分类器自适应。传统的分类模
型都假设样本是独立同分布的，然而在实际中 IID 的假设并
不一定成立，这时候就需要分类器自适应来克服测试集和训
练集分布差异带来的影响。本书提出了一种基于风格迁移映
射（Style Transfer Mapping，STM）的分类器自适应方法。
STM 是将一个源点集映射到目标点集的过程。通过定义源点
（source point）为自适应样本点而目标点（target point）为分
类器中的某些参数来实现分类器的自适应。STM 的目标函数
是一个凸的二次优化问题，因而可以解析求解。STM 可以与
不同的分类器结合，并且可以用来进行监督的（supervised）、
非监督的（un-supervised）以及半监督的（semi-supervised）
自适应。STM 不需要自适应样本覆盖所有的类别，因而对于
大类别集问题（自适应样本不足）非常有效。通过在联机手
写汉字（单字以及文本）数据上的实验表明，STM 可以显著
地降低分类错误率，半监督的自适应取得了最好的性能，而
非监督的自适应优于监督的自适应。

4）基于风格归一化的模式域分类。传统的分类方法是给定一个样本 x，预测其类别标签 y，称为单一分类（singlet classification）。而模式域分类（pattern feld classification）考虑的问题是给定一组样本 $f=\{x_1，x_2，\cdots，x_n\}$，同时预测其标签 $c=\{y_1，y_2，\cdots，y_n\}$，此时可以利用的辅助信息是一组具有相同风格的样本，例如，同一个书写人书写的一组字符、同一个说话者说出的一组语音，以及在相同姿态和光照下拍摄的一组照片。为了充分利用风格一致性，本书提出了一种基于风格归一化的模式域分类方法，并且对传统的贝叶斯决策方法进行了扩展，得到了一系列新的训练和决策准则。该方法在多姿态人脸识别、多说话者语音识别、多书写人汉字识别上均取得了优于传统方法的性能。

1.3　本书组织结构

本书第 1 章首先介绍了研究背景和意义，然后介绍了本书主要内容、贡献以及组织结构。

第 2 章首先阐述了 FDA 和类别可分性问题；然后介绍了加权 Fisher 准则，包括五种加权函数和三种加权空间，并且在大类别集汉字识别数据上从分类精度、统计显著性、计算复杂度、空间不变性、形近字分析等角度对它们进行了充分的评价和分析；最后提出了一种样本级别的加权 Fisher 准则降维方法，并取得了最优性能。

第 3 章首先回顾了修正二次判别函数 MQDF 以及对它的改进方法，然后提出了一种局部平滑的修正二次判别函数 LSMQDF，并在联机和脱机手写汉字识别任务中将 LSMQDF 和 MQDF 以及一种全局平滑的方法 RDA 进行了对比实验。

第 4 章首先对书写人自适应的方法进行了历史回顾，然后提出了一种基于风格迁移映射的分类器自适应框架。我们在此框架下详细介绍了如何定义源点集、目标点集以及置信度估计，并将此框架用于监督的、非监督的以及半监督的自适应。在联机手写汉字识别的实验中，我们对两种常用分类器的自适应进行了充分评估，并将 STM 和另外一种自适应方法 MLLR 进行了比较，得到一系列有价值的实验结果和结论。

第 5 章首先介绍了模式域分类问题的定义以及相关历史，然后提出了一种贝叶斯模式域分类方法，包括模型定义、优化方法、特殊情况以及一系列决策规则，最后在三个不同类型的实验数据库上展示了模式域分类带来的性能提升。

最后一章总结了本书的主要工作，并展望了进一步的工作方向。

第 2 章

基于加权 Fisher 准则的
大类别集降维

2.1 引言

在高维空间的模式分类问题中，特征提取（feature extraction）常常作为一种预处理手段来减少计算复杂度并且改善泛化性能。这是因为特征提取可以去掉冗余和不相关特征对分类的影响，并且在低维空间中更容易获得精确的参数估计（在样本有限的情况下）。特征提取方法包括线性和非线性的维数削减（又称降维）。大量的线性降维方法，如主成分分析（Principal Component Analysis，PCA）[1,2]、Fisher 线性判别分析（Fisher linear Discriminant Analysis，FDA）[3]、独立成分分析（Independent Component Analysis，ICA）[4]、非负矩阵分解（Non-negative Matrix Factorization，NMF）[5] 以及局部保持投影（Locality Preserving Projections，LPP）[6] 被从不同的统计或者几何的角度提出来并且在实际问题中得以广泛应用。非线性降维方法包括：①对传统方法的核扩展，如 kernel PCA[7] 和 kernel FDA[8]；②流形学习方法，如 ISO-MAP[9]、LLE[10] 和 Laplacian eigenmaps[11]；③深度神经网络方法[12,13,14]，该方法利用一个深层次的网络结构去自动学习非线性的特征映射。维数削减（降维）的方法又可以根据对数据的要求程度不同分为：数据无关方法（如随机投影[41,42]）、非监督方法（不需要数据的类别标签，如 PCA、NMF、LPP）以及监督方法（需要数据的类别标签，如 FDA、kernel FDA）。因为利用了数据标记信息，监督的降维方法往往能获得更好的性能。

对于大类别集问题，非线性方法往往需要很大的计算量，所以本章主要考虑线性的监督降维方法。最著名的监督线性降维方法莫过于 FDA。FDA 最早由 Fisher[43] 提出用于处理两类分类问题，后来被 Rao[44] 扩展到多类问题。线性降维的目的是学习一个变换矩阵 $W \in \mathbb{R}^{d \times d'}$ 来把特征从高维空间 $\mathbb{R}^d$ 映射到低维空间 $\mathbb{R}^{d'}(d'<d)$。FDA 的目标准则是最大化类间离散度的同时最小化类内离散度。当且仅当每一个类的分布是高斯分布，所有的类别具有相同的协方差矩阵（homoscedastic），并且降维的维数是 $C-1$（C 是类别数）时，FDA 是最优的降维模型[3]。

对于大类别集问题，往往类别数远大于维数：$C \gg d>d'$。在这种情况下，FDA 会出现相似类别混淆的问题。FDA 的目标准则可以被转化成最大化低维空间中所有类别对的距离之和，因而会过分强调那些距离比较大的类别对，而混淆掉那些距离比较小的类别对。有很多模型被提出来克服这个问题，Loog 等人[45] 提出一种 aPAC（approximate Pairwise Accuracy Criterion）准则来利用加权函数去给距离较小的类别对赋以更高的权重。Lotlikar 和 Kothari[46] 提出了一种 fractional-step FDA，同时利用加权的技巧和片段降维的思想（每次只进行少量的维数削减）。通过推导出 FDA 使用了所有类别对距离的算数平均数（arithmetic mean），Tao 等人[47] 提出使用几何平均数（geometric mean），同时 Bian 和 Tao[48] 又提出使用调和平均数（harmonic mean）来解决类别可分性的问题。最近，最大化最小距离的思想也被很多学者提出来解决类别可分性问题[49,50,51,52]，同时最大化所有的类别对距离也被提出来作为一个新的准则并且通过多目标优化来求解[53]。除了类别可分性问题，还有很多模型被学者们提出来解决FDA 的异方差问题[54,55]、小类别集问题（提取多于 $C-1$ 维的特征）[56] 和小样本问题（类内离散度矩阵奇异）[57,58]。

手写汉字识别是一个典型的大类别集问题，并且 FDA 已成为对汉字识别问题进行维数削减的一种常规手段[59,60]。基于加权 Fisher 准则（Weighted Fisher Criterion，WFC）的线性降维方法，如 aPAC 和混淆距离最大化模型（Confused Distance Maximization，CDM）[61] 是对 FDA 准则的一种扩展，可以获得更高的精度，同时特别适用于解决大类别集问题，因为 WFC 的求解过程仍然是一个特征值分解问题。为了解决

FDA 的类别可分性问题，本章在加权 Fisher 准则的框架下评估了五种不同的加权函数以及三种加权空间，其中包括四种现存的加权函数：FDA（WFC 的一种特例）、aPAC、幂函数（power function）[46] 以及 CDM。同时本章还提出了一种新的加权函数来最大化每一个类与其 k 近邻的距离（称为 KNN 加权函数）。五种加权函数可以分别在三种加权空间中计算：原始空间、低维空间以及片段空间（fractional space）。这三种加权空间具有逐次递增的计算复杂度，但是可以更好地逼近最终的降维空间，因而会有更好的分类性能。本章从四个方面对加权函数进行了评估：类别可分性、加权函数的稀疏性、加权函数是否与分类器相关、加权函数是否具有空间不变性。所有的加权函数和加权空间被公平地在一个 3 755 类的手写汉字数据库上进行验证。实验结果表明加权 Fisher 准则要明显好于 FDA。定义在原始空间的 KNN 加权函数具有最好的性能（分类精度和计算复杂度）。

为了进一步提升分类精度，本章把基于 KNN 的加权 Fisher 准则从类别级别扩展到了样本级别，称为样本级别 KNN：SKNN。该方法是对 KNN 加权 Fisher 准则的非参数拓展。通过在样本级别计算类间离散度矩阵，SKNN 可以抓取更多的关于决策面的信息，解决类别可分性问题，同时减轻异方差和多模态问题。通过与汉字识别中一些流行的降维方法，如局部线性判别分析（Locally Linear Discriminant Analysis，LLDA）[62]、近邻类线性判别分析（Neighbor Class Linear Discriminant Analysis，NCLDA）[63] 以及异方差线性判别分析（Heteroscedastic Linear Discriminant Analysis，HLDA）[54,64] 的比较表明，不管是使用最近均值分类器（Nearest Class Mean，NCM）还是修正二次判别函数分类器（Modified Quadratic Discriminant Function，MQDF）[65]，SKNN 都可以获得更高的分类精度。本章使用的特征数据集可以从文献［66］下载，因此所有的实验结果都具有可重复性并且可以用来与其他方法进行比较。

2.2　FDA 和类别可分性问题

本章使用 $\boldsymbol{\mu}_i \in \mathbb{R}^d$ 和 $\boldsymbol{\Sigma}_i \in \mathbb{R}^{d \times d}$ 来表示第 i 个类别的均值向量和协方差矩阵（$i = 1 \cdots C$）。类内离散度矩阵 S_w 和类间离散度矩阵 S_b 可以定义为：

$$S_w = \sum_{i=1}^{C} p_i \boldsymbol{\Sigma}_i \tag{2.1}$$

$$S_b = \sum_{i,j=1}^{C} p_i p_j (\boldsymbol{\mu}_i - \boldsymbol{\mu}_j)(\boldsymbol{\mu}_i - \boldsymbol{\mu}_j)^{\mathrm{T}} \tag{2.2}$$

其中 $p_i = N_i / N$，$N = \sum_{i=1}^{C} N_i$（N_i 是类别 i 的样本数目）。FDA 的目标是学习一个线性变换矩阵 $\boldsymbol{W} \in \mathbb{R}^{d \times d'}$（$d' < d$）来把高维空间的特征向量 $\boldsymbol{x} \in \mathbb{R}^d$ 映射到低维空间 $\boldsymbol{x}' \in \mathbb{R}^{d'}$：$\boldsymbol{x}' = \boldsymbol{W}^{\mathrm{T}} \boldsymbol{x}$。FDA 的学习准则是最小化类内离散度的同时最大化类间离散

度。FDA 的目标函数有多种写法，最经典的两种[3] 如下：

$$\max_{\boldsymbol{W}} \text{tr}\left\{ (\boldsymbol{W}^{\text{T}}\boldsymbol{S}_w\boldsymbol{W})^{-1}(\boldsymbol{W}^{\text{T}}\boldsymbol{S}_b\boldsymbol{W}) \right\} \tag{2.3}$$

$$\max_{\boldsymbol{W}} \left\{ \ln \left| \boldsymbol{W}^{\text{T}}\boldsymbol{S}_b\boldsymbol{W} \right| - \ln \left| \boldsymbol{W}^{\text{T}}\boldsymbol{S}_w\boldsymbol{W} \right| \right\} \tag{2.4}$$

这两种优化问题都等价于：

$$\max_{\boldsymbol{W}_{\text{FDA}} \in \mathbb{R}^{d \times d'}} \text{tr}\left(\boldsymbol{W}_{\text{FDA}}^{\text{T}}\boldsymbol{S}_b\boldsymbol{W}_{\text{FDA}} \right) \quad \text{s. t.} \quad \boldsymbol{W}_{\text{FDA}}^{\text{T}}\boldsymbol{S}_w\boldsymbol{W}_{\text{FDA}} = \boldsymbol{I} \tag{2.5}$$

其中 $\boldsymbol{I}$ 表示单位矩阵。通常情况下，这个模型可以被等价地分为两步求解：白化（whitening）和白化空间的 PCA。

2.2.1 第一步：白化（whitening）

对类内离散度矩阵 $\boldsymbol{S}_w$ 进行特征值分解，定义 $\boldsymbol{P}$ 为对应的特征向量矩阵而 $\boldsymbol{\Lambda}$ 为相应的特征值矩阵（对角线元素为特征值，其他元素为零）：

$$\boldsymbol{S}_w = \boldsymbol{P}\boldsymbol{\Lambda}\boldsymbol{P}^{\text{T}} \tag{2.6}$$

白化变换（whitening transformation）的定义是：

$$\boldsymbol{W}_{\text{whiten}} = \boldsymbol{P}\boldsymbol{\Lambda}^{-1/2} \in \mathbb{R}^{d \times d} \tag{2.7}$$

白化变换满足如下性质：

$$\boldsymbol{W}_{\text{whiten}}^{\text{T}}\boldsymbol{S}_w\boldsymbol{W}_{\text{whiten}} = \boldsymbol{I} \tag{2.8}$$

在白化变换的定义中假设了 $\boldsymbol{S}_w$ 是可逆的。对于大类别集问题，当样本数充足的时候，这个假设一般可以得到保证。当 $\boldsymbol{S}_w$ 奇异的时候，$\boldsymbol{\Lambda}$ 对角线上的零元素可以被设定为一个较小的正常数。

2.2.2 第二步：白化空间的 PCA

定义 FDA 的变换矩阵为：

$$W_{\mathrm{FDA}} = W_{\mathrm{whiten}} W \qquad (2.9)$$

把上式带入 FDA 的目标函数（式（2.5））中，可以得到：

$$\max_{W \in \mathbb{R}^{d \times d'}} \mathrm{tr}(W^{\mathrm{T}} W_{\mathrm{whiten}}^{\mathrm{T}} S_b W_{\mathrm{whiten}} W) \quad \text{s. t. } W^{\mathrm{T}} W = I \qquad (2.10)$$

这个问题等价于：

$$\max_{W \in \mathbb{R}^{d \times d'}} \sum_{i,j=1}^{C} p_i p_j \Delta_{ij} \quad \text{s. t.} \quad W^{\mathrm{T}} W = I \qquad (2.11)$$

其中 Δ_{ij} 是类 i 和类 j 在降维空间的类中心的距离：

$$\Delta_{ij} = \| W^{\mathrm{T}} W_{\mathrm{whiten}}^{\mathrm{T}} (\boldsymbol{\mu}_i - \boldsymbol{\mu}_j) \|_2^2 \qquad (2.12)$$

因此 FDA 的第二步是求解模型（式（2.11））。而此模型恰好是定义在白化空间的类均值 $W_{\mathrm{whiten}}^{\mathrm{T}} \boldsymbol{\mu}_1, \cdots, W_{\mathrm{whiten}}^{\mathrm{T}} \boldsymbol{\mu}_C$ 上的主成分分析（Principal Component Analysis，PCA）（图 2-1b）。但是 PCA 是一个全局模型，PCA 的目标准则是最大化所有的两两距离之和，因此在 PCA 之后会丢失掉一些用来区分不同类别的局部信息，从而产生类别可分性的问题。

2.2.3 类别可分性问题

FDA 的第一步是学习一个合适的距离度量：在白化空间（whitened space）中，欧式距离将成为一个较好的距离度量。在 FDA 的第二步，因为式（2.11）是最大化所有的两两距离之和，因而会带来类别可分性的问题[45]。为了说明这一

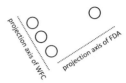

a）三个类别
的分布

b）在白化(whitening)变换
之后，每一个类可以
近似地被表示成一个
圆形的分布

c）FDA 的类别可分性
问题示意图

图 2-1　PCA 与 FDA

点，考虑一个四个类的分类问题，其中一个类离另外三个类非常远，可以看作异类（outlier）。如图 2-1c，在这种情况下通过优化（式（2.11）），得到的投影方向将会把异类（outlier）尽可能地和其他类分开，因为距离大的类别对（class pair）完全支配了模型（式（2.11））的求解。因而其他类别会被混淆，从而降低了分类精度。

为了解决类别可分性问题，Tao 等人[47] 提出最大化两两距离的几何平均数 $\left\{ \max \sum_{i \neq j} p_i p_j \log \Delta_{ij} \right\}$。同时 Bian 和 Tao[48] 提出最大化两两距离的调和平均数 $\left\{ \max \sum_{i \neq j} p_i p_j \Delta_{ij}^{-1} \right\}$。最近，很多学者都提出最大化最小距离[49,50,51,52] $\left\{ \max \left(\min_{i \neq j} \Delta_{ij} \right) \right\}$ 来解决类别可分性问题。Abou-Moustafa 等人[53] 进一步提出同时最大化所有的距离 $\left\{ \max \Delta_{12}, \max \Delta_{13}, \cdots, \max \Delta_{C-1,c} \right\}$，并通过多目标优化来求解。虽然这些模型都取得了分类精度的

提升，但是它们都是基于一些复杂的迭代优化算法（见表 2-1），因而它们很难被用到上千个类别的大类别集问题中来。

表 2-1　不同模型的优化方法以及实验数据

方法	优化	实验（类别数 C）
最大化两两距离的几何平均数	最陡梯度	UCI 和 USPS（$C \leqslant 10$）
最大化两两距离的调和平均数	共轭梯度	UCI 和 Objects（$C \leqslant 20$）
最大化最小距离	约束凹凸过程	UCI 和 Face（$C \leqslant 100$）
	半定规划	UCI 和 Face（$C \leqslant 40$）
	顺序半定规划	UCI 和 Face（$C \leqslant 50$）
同时最大化所有距离	梯度下降	Image 和 UCI（$C \leqslant 40$）

用来解决类别可分性问题的另外一种常用的方法是加权 Fisher 准则：$\left\{ \max\limits_{i,j=1}^{C} f_{ij} p_i p_j \Delta_{ij} \right\}$[45,46,61]。通过引入加权函数 f_{ij} 到目标准则（式(2.11)）中，并且对容易混淆的类别对（class pair）赋予更大的权值，WFC 可以有效地解决类别可分性问题。此外，WFC 的求解过程仅仅是一个特征值分解问题，因而不需要复杂的迭代优化算法，这使得 WFC 对大类别集问题非常适用。

2.3　加权 Fisher 准则

为了解决类别可分性问题，加权函数被引入到 FDA 的目标准则（式(2.11)）中，从而得到加权 Fisher 准则（Weighted Fisher Criterion，WFC）：

$$\max_{\boldsymbol{W} \in \mathbb{R}^{d \times d'}} \sum_{i,j=1}^{C} f_{ij} p_i p_j \Delta_{ij} \quad \text{s. t.} \quad \boldsymbol{W}^{\mathrm{T}} \boldsymbol{W} = \boldsymbol{I} \qquad (2.13)$$

其中 $f_{ij} \geqslant 0$ 是加权函数，其大小取决于类 i 和类 j 在降维空间的混淆程度。混淆的可能性越大，f_{ij} 也越大。

目标准则（式(2.13)）又可以被改写为：

$$\max_{\boldsymbol{W} \in \mathbb{R}^{d \times d'}} \mathrm{tr}(\boldsymbol{W}^{\mathrm{T}} \hat{\boldsymbol{S}}_b \boldsymbol{W}) \quad \text{s. t.} \quad \boldsymbol{W}^{\mathrm{T}} \boldsymbol{W} = \boldsymbol{I} \qquad (2.14)$$

其中 $\hat{\boldsymbol{S}}_b$ 是加权的白化空间的类间离散度矩阵：

$$\hat{\boldsymbol{S}}_b = \sum_{i,j=1}^{C} f_{ij} p_i p_j (\hat{\boldsymbol{\mu}}_i - \hat{\boldsymbol{\mu}}_j)(\hat{\boldsymbol{\mu}}_i - \hat{\boldsymbol{\mu}}_j)^{\mathrm{T}} \qquad (2.15)$$

而 $\hat{\boldsymbol{\mu}}_i$ 是类 i 白化之后的类均值向量：

$$\hat{\boldsymbol{\mu}}_i = \boldsymbol{W}_{\mathrm{whiten}}^{\mathrm{T}} \boldsymbol{\mu}_i \ \forall \ i = 1, 2, \cdots, C \qquad (2.16)$$

模型（式(2.14)）可以通过特征值分解求解：大小为 $d \times d'$ 的矩阵 $\boldsymbol{W}$ 的每一列对应于 $\hat{\boldsymbol{S}}_b$ 的具有较大特征值的 d' 个特征向量。把加权 Fisher 准则 WFC（式(2.14)）的求解结果记为 $\boldsymbol{W}_{\mathrm{WFC}} \in \mathbb{R}^{d \times d'}$，最终的降维矩阵则是白化变换（式(2.7)）和 WFC 的乘积：

$$\boldsymbol{W}_{\mathrm{final}} = \boldsymbol{W}_{\mathrm{whiten}} \boldsymbol{W}_{\mathrm{WFC}} \in \mathbb{R}^{d \times d'} \qquad (2.17)$$

加权 Fisher 准则（Weighted Fisher Criterion，WFC）是一个统一的框架，其性能取决于加权函数的定义：

$$F = \{f_{ij}\} \in \mathbb{R}^{C \times C} \qquad (2.18)$$

本小节总共考虑了五种加权函数，包括四种已知的函数和一种新函数。

1. FDA

很明显，传统的 FDA 是加权 Fisher 准则 WFC 的一个特例，换言之，FDA 是使用了常数加权函数的 WFC：

$$\text{FDA：} f_{ij} = 1, \quad \forall i, j = 1, \cdots, C \qquad (2.19)$$

因为所有的类别对（class pair）都具有相同的权值，因而 FDA 会过分强调那些距离较大的类别对，而把距离较小的类别对混淆掉。

2. aPAC

Loog 等人[45] 提出一种 aPAC（approximate Pairwise Accuracy Criterion）加权函数：

$$\text{aPAC：} f_{ij} = \frac{1}{2d_{ij}^2} \text{erf}\left(\frac{d_{ij}}{2\sqrt{2}}\right) \qquad (2.20)$$

其中 $\text{erf}(x) = \dfrac{2}{\sqrt{\pi}} \displaystyle\int_0^x e^{-t^2} dt \in [-1, 1]$ 是"错误函数"（error function）$^{\ominus}$，而 d_{ij} 是类 i 和类 j 在白化空间的类均值之间的距离：

$$d_{ij} = \|\hat{\boldsymbol{\mu}}_i - \hat{\boldsymbol{\mu}}_j\|_2 = \|\boldsymbol{W}_{\text{whiten}}^{\text{T}}(\boldsymbol{\mu}_i - \boldsymbol{\mu}_j)\|_2 \qquad (2.21)$$

$\ominus$　http://wikipedia.org/wiki/Error_function。

aPAC 是从逼近类别对（class pair）的贝叶斯错误率的角度推导出来的。通过给距离 d_{ij} 较小的类别对（class pair）赋以更高的权重 f_{ij}，aPAC 可以解决类别可分性问题。

3. POW

Lotlikar 和 Kothari[46] 提出一种片段降维的思想，并且使用如下的加权函数：

$$POW: f_{ij} = d_{ij}^{-m} \tag{2.22}$$

其中 m 是一个正整数。因为 f_{ij} 的减少应该快于 d_{ij} 的增加，所以文中建议 $m \geqslant 3$。由于式（2.22）是一个幂函数（power function），因此本书把这种加权方法记作 POW。

4. CDM

Zhang 和 Liu[61] 提出一种混淆距离最大化（Confused Distance Maximization，CDM）的模型来解决类别可分性问题，CDM 使用的加权函数是类别之间的混淆概率矩阵：

$$CDM: f_{ij} = \begin{cases} \dfrac{N_{i \sim j}}{N_i}, & i \neq j \\ 0, & i = j \end{cases} \tag{2.23}$$

其中 N_i 是类 i 的样本数，而 $N_{i \sim j}$ 是指"来自类 i"而"被错分到类 j"的样本数。为了获得更好的泛化性能，混淆概率矩阵 $\boldsymbol{F} = \{f_{ij}\} \in \mathbb{R}^{c \times c}$ 应该从一个不同于训练集的数据上估计得到，比如使用交叉验证方法。CDM 使用了从数据中估计得到的混淆概率矩阵作为加权函数，因而更加贴近具体的分类问题。实验结果也表明 CDM 取得了比 FDA、aPAC 和 POW

更好的分类性能[61]。

5. KNN

本书还提出了一种新的基于 KNN 的加权函数，来最大化每一个类与其近邻的 k 个类的距离：

$$\text{KNN：} \quad f_{ij} \begin{cases} 1, & \text{如果 } \hat{\boldsymbol{\mu}}_j \in \text{KNN} (\hat{\boldsymbol{\mu}}_i) \\ 0, & \text{否则} \end{cases} \quad (2.24)$$

其中 $\text{KNN}(\hat{\boldsymbol{\mu}}_i)$ 表示从集合 $\{\hat{\boldsymbol{\mu}}_1, \cdots, \hat{\boldsymbol{\mu}}_{i-1}, \hat{\boldsymbol{\mu}}_{i+1}, \cdots, \hat{\boldsymbol{\mu}}_c\}$ 中挑选出的关于 $\hat{\boldsymbol{\mu}}_i$ 的 k 个近邻。考虑 k 近邻的好处在于：①集中关注近邻类别对（class pair），去除距离较大的类别对对降维的影响；②不同类别间的几何关系可以通过 KNN 关系的连通性和传播性得到保持；③KNN 的加权矩阵计算起来比较快，并且具有稀疏性，因此可以显著地降低 WFC 的计算复杂度（见 2.4.7 节）；④KNN 的加权矩阵几乎是空间不变的，换言之，不管是在原始高维空间还是降维之后的低维空间，类别之间的 KNN 关系几乎是一样的（见 2.4.9 节）。

6. 不同加权函数的定性比较

图 2-2 显示了不同的加权函数，本部分从如下几个方面对它们进行了比较（表 2-2）：

表 2-2　对不同加权函数的定性比较

加权函数	类别可分性	稀疏性	是否与分类器相关	空间不变性
FDA				√
aPAC	√			
POW	√			

（续）

加权函数	类别可分性	稀疏性	是否与分类器相关	空间不变性
CDM	√	√	√	
KNN	√	√		√

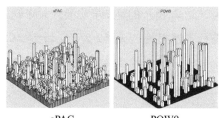

aPAC   POW9

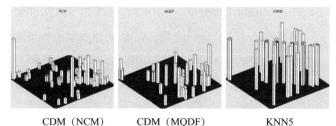

CDM（NCM）　　　CDM（MQDF）　　　KNN5

图 2-2　取自 3 755 类问题中的前 100 个类别的 100×100 加权矩阵

- **类别可分性**：通过对容易混淆的类别对赋予更大的权重，aPAC、POW、CDM 和 KNN 都具备了解决类别可分性问题的能力。

- **稀疏性**：aPAC 和 POW 的加权函数是基于类别对之间的距离 d_{ij}。CDM 的加权函数是基于混淆概率矩阵的，因为每一个类仅与有限的几个类容易混淆，所以 CDM 的加权矩阵是稀疏的。此外，对于 KNN 加权矩阵，

每一行有且仅有 k 个非零元素。所以 CDM 和 KNN 的加权矩阵要比 aPAC 和 POW 的加权矩阵更稀疏。加权矩阵的稀疏性使得 CDM 和 KNN 可以更好地集中精力应对那些最容易混淆的类别，此外，计算类间离散度矩阵 $\hat{S_b}$ 式（2.15）的复杂度也会大大降低。

- **是否与分类器相关**：从图 2-2 可以看到，CDM 的加权矩阵会随着分类器的变化而变化。其中 NCM 表示最近均值分类器（Nearest Class Mean，NCM），而 MQDF 表示修正二次判别函数分类器（Modified Quadratic Discriminant Function，MQDF）。具体关于这两种分类器会在 2.4.2 节进行介绍。CDM 使用的混淆概率矩阵是与分类器相关的，这样 CDM 的降维学习过程会和分类器联系得更紧密，而其他的加权函数 FDA、aPAC、POW 和 KNN 都是与分类器无关的。

- **空间不变性**：另外一个很重要的性质是空间不变性，换言之，加权函数在原始高维空间和降维之后的低维空间要尽可能一致。很明显，FDA 的加权函数是绝对的空间不变，而 KNN 的加权函数可以近似看成空间不变，因为 KNN 关系具有空间保持性。关于这一点会详细地在 2.4.9 节进行论述。在接下来的章节中会讲述为什么空间不变性对于降维很重要。

2.3.2 加权空间

不同的"加权函数"可以定义在不同的"加权空间"。我们的目的是学习一个从高维 $\mathbb{R}^d$ 到低维 $\mathbb{R}^{d'}$ 的变换,并且最终的分类性能是在降维之后的低维空间 $\mathbb{R}^{d'}$ 中进行评价的,因此最优的加权函数应该定义在"最终降维的空间"(Final Reduced Space,FRS)$\mathbb{R}^{d'}$,这样才可以更真实地反映类别之间的混淆关系。但是,"在 FRS 空间中定义加权函数"和"基于 WFC 的降维矩阵学习",是一个"先有鸡还是先有蛋的问题",因为解决其中一个问题依赖于另一个问题的解决。在实际中,我们只能用一些逼近算法去近似地在 FRS 空间定义加权函数。

1. 方法一:原始空间

最简单的方法是直接在原始空间 Rd 中计算加权函数,这种方法也具有最小的计算复杂度。但是,原始空间的加权函数和 FRS 的加权函数可能会截然不同,原始空间中距离较大的类别对(对应 f_{ij} 应较小)在降维之后的 FRS 空间中可能会变成距离较小的类别对(对应 f_{ij} 应较大)。因此,定义在原始空间的加权函数依然会存在类别可分性问题,从而使得分类性能恶化。

2. 方法二:低维空间

为了更好地逼近最终的降维空间 FRS,我们可以把加权函数定义在低维空间。具体地讲，首先在原始空间 $\mathbb{R}^d$ 中计算出一个加权矩阵，然后利用加权 Fisher 准则 WFC 去学习一个降维矩阵 $\boldsymbol{W} \in \mathbb{R}^{d \times d'}$，再然后所有的数据都被投影到这样一个低维空间 $\mathbb{R}^{d'}$ 中，此后，在这个低维空间中重新估计加权矩阵，然后用这个低维空间中估计的加权矩阵去再次学习 WFC 降维矩阵。低维空间的加权矩阵比原始空间的加权矩阵要更加精确，因而可以获得更高的分类精度。这样一个"高维-低维"的过程也可以循环多次，但是收敛性得不到保证，因而本书中只做一次循环。

3. 方法三：片段空间

一种比较有效的、基于迭代逼近 FRS 的方法称为片段降维（fractional-step dimensionality reduction）[46]。具体地讲，从高维 d 到低维 d'（$d' < d$）的降维过程被分割成很多小片段，逐步进行。这样在每一步降维过程中，丢失的信息量不会太多，而加权函数可以不断更新去更好地逼近 FRS。我们用 t 来表示片段降维的步长，具体的降维过程可以表示为：

$$\mathbb{R}^d \xrightarrow[\text{WFC}]{F} \mathbb{R}^{d-t} \xrightarrow[\text{WFC}]{F} \mathbb{R}^{d-2t} \cdots \xrightarrow[\text{WFC}]{F} \mathbb{R}^{d'} \qquad (2.25)$$

在每一步，加权矩阵 $\boldsymbol{F}$ 的估计是在一个较高维空间进行的，然后 WFC 被用来进行一次小片段的降维 t，再然后，加权函数在降维之后的新空间重新计算，重复进行这样的步骤直到最终的维数被削减到 d'。片段降维的步长 t 可以非常小，甚至小于 1。而 $t < 1$ 意味着很多个子步骤会被用来把维数降低

1维（更多关于 $t<1$ 的细节可以在文献［46］中找到）。为了降低片段降维在大类别集中的计算复杂度，本书仅考虑片段步长 t 是一个整数的情况（如 1、5、10）。通过使用片段降维的技巧，加权函数 F 可以更好地逼近 FRS，从而可以获得更好的分类性能。

4. 不同加权空间的定性比较

这三种加权空间的计算复杂度逐次增加，但是它们具有更好地逼近 FRS 的能力。所有的加权函数（FDA、aPAC、POW、CDM 和 KNN）都可以被定义在这三种加权空间中。如果某一种加权函数具有空间不变性，那就可以直接在原始空间计算其加权函数，这样具有最小的计算复杂度。在不同的加权空间中计算加权函数可以带来性能提升，关于这一点会在 2.4.8 节论述。不同加权函数的空间不变性也会在 2.4.9 节进行比较。

2.4　对不同加权 Fisher 准则的评估

本节对不同的加权 Fisher 准则（Weighted Fisher Criterion，WFC）进行了评估。具体地，五种加权函数——FDA、aPAC、POW、CDM、KNN，以及三种加权空间——原始空间、低维空间、片段空间，被组合在一起并在一个 3 755 类的手写汉字识别数据库 CASIA-HWDB1.1[67] 上进行验证。

2.4.1 数据集

CASIA-HWDB1.1[67] 是由中国科学院自动化研究所收集的一个新的手写汉字数据库。这个数据库包含 300 个书写人（其中 240 人的数据用来训练，60 人的数据用来测试）。每一个书写人都将 3 755 类（GB2312-80 一级汉字）的字符各书写一次，有一些错误书写的样本会在标定过程中被检测出来并消除掉。最后，总共有 897 758 个训练样本以及 223 991 个测试样本。为了描述脱机字符图像，本节从背景剔除后的灰度图像上提取 NCGF（Normalization-Cooperated Gradient Feature)[60]。特征的维数是 512，分别代表了将图片划分成 8×8 个网格，每个网格中的 8 方向的梯度直方图。本节使用的特征数据可以从文献 [66] 中下载。

手写汉字识别是一个具有挑战性的课题，因为其类别数非常大并且有很多形近字[59]。图 2-3 展示了一些形近字的样本。在降维的过程中，传统的 FDA 会带来类别可分性问题，

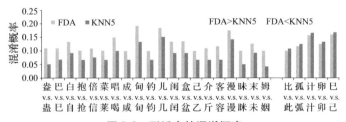

图 2-3　形近字的混淆概率

具体的表现是 FDA 会混淆形近字从而降低识别率。因此，加权 Fisher 准则对于大类别集汉字降维是十分有必要的。

2.4.2 分类器

两种非常有效的大类别集分类器被用来对不同的降维准则进行评估[⊖]。第一种分类器叫作最近均值分类器（Nearest Class Mean，NCM）。NCM 是基于样本与类均值之间的欧式距离进行分类：

$$x \in \arg \min_{i=1}^{c} \{ d_1(x,i) = \| x - \mu_i \|_2^2 \} \qquad (2.26)$$

第二种分类器则是二次判别函数（Quadratic Discriminant Function，QDF）。QDF 是从贝叶斯决策中基于高斯分布的假设中推导出来的：

$$x \in \arg \min_{i=1}^{c} \{ d_2(x,i) = (x - \mu_i)^{\mathrm{T}} \Sigma_i^{-1} (x - \mu_i) + \log | \Sigma_i | \}$$

$$(2.27)$$

其中 $\mu_i \in \mathbb{R}^d$ 是类 i 的均值向量而 $\Sigma_i \in \mathbb{R}^{d \times d}$ 为其协方差矩阵。为了有效地计算 $d_2(x,i)$ 中的 Σ_i^{-1}，本节使用修正的二次判别函数（Modified Quadratic Discriminant Function，MQDF）[65]。MQDF 用一个较小的常数替代了 Σ_i 的小特征值，因而在计算过程中只需要存储和考虑其主成分特征向量，并且会得到更

⊖ 其他分类器比如最近邻分类器（Nearest Neighbor，NN）以及支撑向量机（Support Vector Machines，SVM），因为其计算量过大，很难用于大类别集问题。

好的泛化性能。MQDF 使用 $d_3(\boldsymbol{x}, i)$ 去替代 $d_2(\boldsymbol{x}, i)$：

$$d_3(\boldsymbol{x},i) = \sum_{j=1}^{k} \frac{1}{\lambda_{ij}} [(\boldsymbol{x} - \boldsymbol{\mu}_i)^{\mathrm{T}} \boldsymbol{\phi}_{ij}]^2 +$$

$$\frac{1}{\delta_i} \{ \|\boldsymbol{x} - \boldsymbol{\mu}_i\|^2 - \sum_{j=1}^{k} [(\boldsymbol{x} - \boldsymbol{\mu}_i)^{\mathrm{T}} \boldsymbol{\phi}_{ij}]^2 \} +$$

$$\sum_{j=1}^{k} \log \lambda_{ij} + (d - k) \log \delta_i \qquad (2.28)$$

其中 $\lambda_{ij} \in \mathbb{R}^+$ 和 $\boldsymbol{\phi}_{ij} \in \mathbb{R}^d$，$j = 1, \cdots, d$ 分别表示了 $\boldsymbol{\Sigma}_i$ 的特征值（按从大到小排列）和对应的特征向量。其中 k 作为一个超参数，表示了主成分特征向量的个数（在所有实验中均采用 $k = 50$）。较小的特征值 $\lambda_{i,k+1} \cdots \lambda_{i,d}$ 被替换成一个常数 δ_i。并且本节把 δ_i 设置成与类别无关，然后通过交叉验证的方法在训练集上选取。

在接下来的章节中，本书采用 NCM（式（2.26））和 MQDF（式（2.28））来对降维之后的分类性能进行评估。MQDF 是汉字识别中最有效的分类器之一。MQDF 可以获得比 NCM 高很多的分类精度。但是，MQDF 也拥有更高的内存要求和计算复杂度。例如：对于一个 160 维的问题，MQDF 需要 117 MB 的存储空间而 NCM 仅需要 2.29 MB，MQDF 的分类速度是 12.25 毫秒每字符，而 NCM 是 1.85 毫秒每字符。因此，同时使用 NCM 和 MQDF 对分类性能进行评估是对不同降维方法进行评估的常规手段[62,63,64]。

2.4.3　实验设置

五种不同的加权函数与三种不同的加权空间相组合后，特征维数从 $d = 512$ 降到 $d' = 60$，70，…，180，在这些低维空间中，NCM 和 MQDF 的分类性能将会相继得到。对于 POW 加权函数中的式（2.22），我们使用了 $m = 3$，4，…，12。对于 CDM 加权函数（式(2.23)），本章将训练集随机地划分成两部分，用其中 3/4 来训练分类器而剩下的 1/4 来估计混淆概率矩阵。对于 KNN 加权函数（式(2.24)），本章评价了 $k = 1$，5，10 的性能。对于片段降维（式(2.25)），本章比较了片段步长为 $t = 1$，5，10 对分类的影响。本章的所有算法都是在 C++ 环境下编程实现的，并且在一台计算机（CPU：Intel Dual E8400 3.0 GHz，RAM：2 GB）上运行得到结果。

2.4.4　实验结果

表 2-3 是使用 NCM 作为分类器时，表 2-4 是使用 MQDF 作为分类器时，不同降维模型的分类精度。其中"POW10、POW9、POW8、POW7"表示 POW 加权函数（式(2.22)）中的 m 分别等于 10、9、8、7。而"KNN1、KNN5、KNN10"则表示 KNN 加权函数（式(2.24)）中的 k 分别取 1、5、10。对于不同的加权空间，"xxx"表示原始空间中的加权函数，而"xxx-L"表示低维空间中的加权函数，"xxx-F10、xxx-F5、 xxx-F1"则表示片段空间中以 $t = 10$、5、1 为片段步长的加权函数。例如："KNN5-F10"的意思是定义在步长 $t = 10$ 的片段空间中的近邻 $k = 5$ 的 KNN 加权函数。本章并没有考虑把片段空间和 CDM 加权函数结合，因为二者的结合会带来巨大的计算量。

需要说明的是本章的实验是在 CASIA-HWDB 1.1 的标准训练集和测试集上进行验证的。因此本章展示的结果不可以直接与 ICDAR 2011 竞赛结果[68] 做比较，因为 ICDAR 2011 竞赛中的训练数据集是没有限制的（可以使用大量辅助训练数据）。很多策略可以被进一步采用来提升手写汉字识别的性能，例如：①增加训练数据集[69]；②使用判别学习的分类器[70]；③利用扰动的方法，对图像做多次扰动后，再对分类结果做融合[71]；④利用卷积神经网络（convolutional neural network）去自动地从数据中学习特征[72]；⑤利用书写人自适应来满足不同的书写风格[73]。因为本章的目的是公平地比较不同的降维算法，所以本章并没有采取这些策略来进一步提升分类精度。

从表 2-3 和表 2-4 中的实验结果可以发现：类别可分性问题在汉字识别中确实存在。相比于传统的 FDA 模型，加权 Fisher 准则 WFC 可以显著提升分类精度。当维数削减得比较厉害的时候，这种提升尤为明显。例如：当降低到 60 维时，MQDF 的分类性能由 FDA 的 86.35% 提升到 KNN5-F5 的 87.64%。但另一方面，当维数为 180 时，MQDF 的分类性能

表 2-3　使用 NCM 分类器时不同降维模型的分类精度（%）

d'	60	70	80	90	100	110	120	130	140	150	160	170	180	平均值
FDA	78.80	79.88	80.56	81.07	81.43	81.71	81.88	81.97	82.09	82.12	82.13	82.16	82.19	81.38
aPAC	78.84	79.92	80.58	81.08	81.41	81.74	81.89	81.96	82.05	82.12	82.13	82.13	82.16	81.39
aPAC-L	78.94	80.01	80.62	81.09	81.44	81.75	81.88	81.94	82.06	82.12	82.13	82.14	82.16	81.41
aPAC-F10	78.95	80.03	80.63	81.11	81.48	81.76	81.91	82.00	82.07	82.15	82.16	82.16	82.18	81.43
aPAC-F5	78.95	80.03	80.63	81.12	81.49	81.76	81.91	81.99	82.07	82.14	82.16	82.17	82.19	81.43
aPAC-F1	78.94	80.03	80.63	81.12	81.50	81.76	81.91	81.99	82.07	82.14	82.16	82.16	82.19	81.43
POW10	79.11	80.18	80.81	81.27	81.61	81.84	81.98	82.04	82.10	82.14	82.18	82.13	82.13	81.50
POW9	79.23	80.21	80.86	81.26	81.55	81.82	82.00	82.07	82.13	82.16	82.16	82.19	82.13	81.52
POW9-L	78.57	80.13	80.95	81.49	81.80	82.03	82.12	82.22	82.21	82.27	82.26	82.26	82.23	81.58
POW9-F10	79.75	80.58	81.12	81.52	81.79	81.97	82.11	82.18	82.19	82.24	82.23	82.24	82.18	81.70
POW9-F5	79.77	80.61	81.14	81.51	81.81	81.96	82.11	82.19	82.20	82.24	82.24	82.24	82.18	81.71
POW9-F1	79.77	80.62	81.15	81.52	81.81	81.98	82.12	82.18	82.19	82.24	82.23	82.24	82.18	81.71
POW8	79.13	80.19	80.85	81.19	81.58	81.80	81.95	82.03	82.13	82.15	82.15	82.15	82.15	81.50
POW7	79.02	80.13	80.82	81.20	81.54	81.77	81.92	82.02	82.11	82.13	82.15	82.15	82.15	81.47
CDM	79.20	80.21	80.77	81.25	81.52	81.73	81.89	82.04	82.05	82.09	82.05	82.12	82.16	81.47
CDM-L	79.66	80.52	81.01	81.35	81.62	81.84	81.97	82.09	82.12	82.12	82.12	82.13	82.14	81.59

（续）

d'	60	70	80	90	100	110	120	130	140	150	160	170	180	平均值
KNN1	79.76	80.68	81.29	81.61	81.91	82.07	82.21	82.31	82.35	82.36	82.36	82.29	82.29	81.81
KNN5	80.30	81.20	81.67	82.02	82.17	82.32	82.46	82.43	82.44	82.49	**82.46**	82.37	**82.35**	82.05
KNN5-L	80.41	81.27	81.81	82.04	**82.29**	**82.38**	**82.50**	**82.48**	**82.49**	82.46	82.41	**82.40**	82.33	82.10
KNN5-F10	80.56	**81.37**	**81.82**	82.09	82.26	82.35	82.49	82.47	82.48	82.47	82.44	**82.40**	**82.35**	**82.12**
KNN5-F5	**80.57**	81.34	81.81	**82.11**	82.26	82.33	82.47	82.47	82.48	**82.50**	82.43	82.38	82.34	82.11
KNN5-F1	**80.57**	81.35	81.80	82.10	82.27	82.34	82.48	82.46	82.48	82.49	82.44	**82.40**	82.33	**82.12**
KNN10	80.31	81.12	81.62	81.95	82.15	82.29	82.42	82.41	82.46	82.45	82.38	82.34	**82.35**	82.02

表2-4　使用 MQDF 分类器时不同降维模型的分类精度（%）

d'	60	70	80	90	100	110	120	130	140	150	160	170	180	平均值
FDA	86.35	87.42	88.14	88.59	88.87	89.10	89.26	89.40	89.47	89.52	89.53	89.51	89.51	88.82
aPAC	86.33	87.42	88.13	88.61	88.87	89.10	89.26	89.36	89.46	89.50	89.49	89.48	89.50	88.81
aPAC-L	86.39	87.50	88.15	88.63	88.89	89.10	89.27	89.40	89.47	89.49	89.50	89.50	89.50	88.83
aPAC-F10	86.43	87.54	88.22	88.68	88.94	89.17	89.32	89.42	89.53	89.54	89.56	89.52	89.51	88.88
aPAC-F5	86.43	87.54	88.22	88.68	88.94	89.17	89.32	89.42	89.52	89.54	89.56	89.52	89.51	88.87
aPAC-F1	86.43	87.54	88.21	88.69	88.94	89.17	89.31	89.42	89.53	89.54	89.56	89.52	89.50	88.87
POW10	86.46	87.49	88.20	88.68	88.95	89.11	89.26	89.35	89.39	89.45	89.48	89.47	89.47	88.83

POW9	86.55	88.29	88.75	89.00	89.20	89.34	89.44	89.47	89.48	89.54	89.52	89.53	88.90
POW9-L	85.71	88.15	88.69	89.02	89.28	89.44	89.49	89.57	89.57	89.57	89.54	89.53	88.83
POW9-F10	87.04	88.52	88.93	89.18	89.37	89.51	89.57	89.61	89.58	89.59	89.60	89.59	89.08
POW9-F5	87.04	88.52	88.92	89.19	89.35	89.51	89.58	89.60	89.58	89.59	89.62	89.59	89.08
POW9-F1	87.05	88.56	88.93	89.20	89.36	89.51	89.58	89.62	89.58	89.59	89.62	89.58	89.09
POW8	86.53	88.26	88.72	88.98	89.19	89.31	89.43	89.48	89.53	89.52	89.54	89.53	88.89
POW7	86.46	88.24	88.70	88.93	89.17	89.32	89.40	89.50	89.52	89.53	89.53	89.49	88.87
CDM	86.81	88.45	88.86	89.14	89.33	89.40	89.48	89.51	89.54	89.52	89.53	89.49	88.99
CDM-L	87.10	88.55	88.93	89.15	89.34	89.40	89.47	89.53	89.54	89.52	89.49	89.47	89.03
KNN1	87.03	88.53	88.94	89.19	89.30	89.40	89.49	89.57	89.59	89.61	89.55	89.50	89.05
KNN5	87.50	88.85	**89.24**	89.43	**89.59**	89.66	89.73	89.73	**89.76**	89.73	89.71	**89.71**	89.31
KNN5-L	87.46	88.88	89.23	89.49	89.55	**89.70**	**89.74**	89.75	89.73	89.73	89.74	89.66	89.31
KNN5-F10	87.63	88.89	89.23	**89.50**	**89.59**	89.66	**89.74**	89.77	89.74	89.76	89.78	**89.71**	**89.34**
KNN5-F5	**87.64**	**88.89**	89.22	89.49	89.58	89.68	89.73	**89.78**	89.74	**89.77**	89.74	**89.71**	89.33
KNN5-F1	87.63	**88.90**	89.19	89.48	89.57	89.69	89.72	89.76	89.73	89.76	89.74	89.70	89.33
KNN10	87.55	88.84	89.17	89.46	89.55	89.65	89.71	89.70	89.71	89.70	89.68	89.68	89.29

仅仅由 FDA 的 89.51%提升到 KNN5-F5 的 89.71%。出现这个现象的原因是：随着维数的增加，分类性能会趋于饱和，不同降维模型的差异也变得越来越小。尽管如此，提升低维空间的分类精度依然具有重要的实际意义，例如：把分类器嵌入到一些手持设备（如平板计算机、手机等）中，在这种情况下，存储需求越小越好并且速度越快越好，因此对于这样的应用维数可能小到 30 维。除了表 2-3 和表 2-4 中显示的分类精度信息外，本章还从统计显著性的角度对不同的模型进行了公平比较。

2.4.5　统计显著性

本小节采用 Friedman 检验[74] 来对多个模型进行统计显著性检验。假设有 k 个模型被评估了 N 次。用 r_i^j 来表示在第 i 次评估中第 j 个模型的排序座次（rank）[⊖]。Friedman 检验对不同模型的平均 rank：$R_j = \dfrac{1}{N}\sum_{i=1}^{N} r_i^j$ 进行比较。其中"无效假设"（null-hypothesis）的定义是说所有的模型具有相同的性能，因此它们的平均 rank：R_j，$j = 1$，$\cdots$，k 应该相等。如果"无效假设"被以 0.05 显著度水平拒绝[⊖]，我们可以进一

⊖　当两个模型有相同的精度时，会赋予它们相同的平均之后的排序座次，如精度为 |80%，90%，70%，70%，60%| 的五个模型的排序座次是 |2，1，3.5，3.5，5|。

⊖　这意味着如果我们拒绝"无效假设"，会以 0.05 的概率犯错。

步采用 Nemenyi 检验来找出哪些模型具有显著区分度。具体地，当且仅当它们的平均 rank 之差大于一个"显著区别度量"（Critical Difference，CD）[74] 时，两个模型具有显著差异性。

在表 2-3 和表 2-4 中总共有 23 个模型被进行了 26 次评估。图 2-4 给出了不同模型的显著区分性图。横轴表示了每个模型的平均 rank，其中越靠右边的模型具有越好的性能。没有显著区分性的模型被一条黑色的粗线连接起来。"显著区别度量"为：CD = 6.802。如果两个模型的平均 rank 之差满足：$R_A - R_B \geq 6.802(\mathrm{CD})$，我们可以下结论说：模型 B 显著优于模型 A。

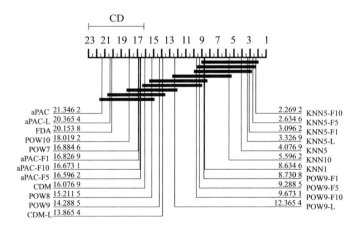

图 2-4　不同模型的显著区分性图

2.4.6 五种加权函数的比较

从表 2-3 和表 2-4 中可以发现：对于 POW 加权函数，最好的性能在 $m=9$ 时取得。对于 KNN 加权函数，最好的性能在 $k=5$ 时取得。从图 2-4 中可以计算出这些模型的平均 rank 之差：

$$\text{aPAC} \xrightarrow{1.1924} \text{FDA} \xrightarrow{4.0769} \text{CDM}$$

$$\xrightarrow{1.7884} \text{POW9} \xrightarrow{10.2116} \text{KNN5} \quad (2.29)$$

在箭头右边的模型要优于左边的模型。可以发现：aPAC 和 FDA 的差异性以及 CDM 和 POW9 的差异性都不是很大。而 CDM、POW9 和 KNN5 具有显著优于 FDA 的性质，尤其是当降维维数比较低的时候。例如，当 $d'=60$ 时，在表 2-3 中，FDA、CDM、POW9 和 KNN5 的精度分别为：78.80%、79.20%、79.23%、80.30%。此外，KNN5 加权函数显著优于其他所有模型，因为 KNN5 和其他模型的平均 rank 之差远大于 6.802。通过与基准模型 FDA 进行比较，如图 2-5 所示，KNN5 可以显著提升分类精度。

2.4.7 计算复杂度比较

加权 Fisher 准则 WFC 的计算复杂度主要包括三部分[一]：

[一] 因为白化变换（whitening）是一个对所有加权函数通用的预处理过程，因此本节并没有考虑白化变换的计算时间。

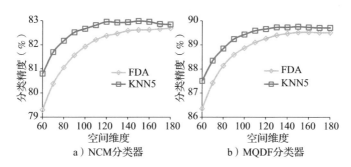

a）NCM分类器   b）MQDF分类器

图 2-5   KNN5 和 FDA 在不同降维空间的分类精度

①加权函数的计算；②类间离散度矩阵$\hat{S}_b$（式(2. 15)）的计算；③对$\hat{S}_b$的特征值分解。图 2-6 显示了五种不同加权函数的计算复杂度，其中 CDM 的计算时间是以 NCM 分类器为基础的，如果使用 MQDF 分类器，其运算时间会更长。

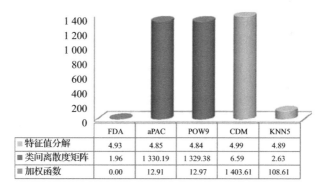

	FDA	aPAC	POW9	CDM	KNN5
■ 特征值分解	4.93	4.85	4.84	4.99	4.89
■ 类间离散度矩阵	1.96	1 330.19	1 329.38	6.59	2.63
■ 加权函数	0.00	12.91	12.97	1 403.61	108.61

图 2-6   不同模型在 d'=160 时的训练时间（单位：秒）（见彩插）

可以发现：FDA 具有最小的计算复杂度。这是因为 FDA

使用了常数的加权函数 $f_{ij} = 1$，$\forall i, j$，所以不需要计算加权矩阵，此外，对于 FDA，类间离散度矩阵可以简化求解为：

$$\hat{S}_b = \sum_{i, j=1}^{c} p_i p_j (\hat{\boldsymbol{\mu}}_i - \hat{\boldsymbol{\mu}}_j)(\hat{\boldsymbol{\mu}}_i - \hat{\boldsymbol{\mu}}_j)^{\mathrm{T}}$$
$$= 2 \sum_{i=1}^{c} p_i (\hat{\boldsymbol{\mu}}_i - \hat{\boldsymbol{\mu}}_0)(\hat{\boldsymbol{\mu}}_i - \hat{\boldsymbol{\mu}}_0)^{\mathrm{T}} \quad (2.30)$$

其中 $\hat{\boldsymbol{\mu}}_0 = \sum_{j=1}^{c} p_j \hat{\boldsymbol{\mu}}_j$。但是对于其他加权函数，类间离散度矩阵只能以如下方式计算：

$$\hat{S}_b = \sum_{i, j=1}^{c} f_{ij} p_i p_j (\hat{\boldsymbol{\mu}}_i - \hat{\boldsymbol{\mu}}_j)(\hat{\boldsymbol{\mu}}_i - \hat{\boldsymbol{\mu}}_j)^{\mathrm{T}}$$
$$= \sum_{i=1}^{c} \sum_{j=i+1}^{c} (f_{ij} + f_{ji}) p_i p_j (\hat{\boldsymbol{\mu}}_i - \hat{\boldsymbol{\mu}}_j)(\hat{\boldsymbol{\mu}}_i - \hat{\boldsymbol{\mu}}_j)^{\mathrm{T}} \quad (2.31)$$

这一步会非常耗时，尤其是当类别数 C 很大的时候。例如，对于 aPAC 和 POW9 加权函数，如图 2-6 所示，计算类间离散度矩阵（scatter matrix）的时间几乎是其他步骤总和的 75 倍。因此，加权矩阵的稀疏性对于减少计算量非常重要，因为 $\hat{S}_b$ 中的满足 $f_{ij} + f_{ji} = 0$ 的项不需要进行计算。如 2.3.1 节 6. 所讨论，CDM 和 KNN 的加权矩阵是稀疏的（表 2-2）。如图 2-6 所示，CDM 和 KNN 用来计算离散度矩阵的时间大大减少。然而，对于 CDM 方法，另外一个非常耗时的步骤是对混淆概率矩阵的估计（因为其需要训练分类器并且在验证集上估计混淆概率）。综合所有的因素来考虑，除了 FDA 模型以外，KNN 方法具有最低的计算复杂度，这得益于 KNN 加权函数的快速计算和稀疏性。

2.4.8 三种加权空间的比较

从图2-4可以发现：aPAC-L性能优于aPAC，CDM-L性能优于CDM，POW9-L性能优于POW9，而KNN5-L性能也优于KNN5。这表明，在低维空间中估计加权函数比在原始空间中估计加权函数可以获得更高的分类精度。以CDM为例子，当$d' = 60$时，CDM-L可以把分类精度从79.20%提高到79.66%（表2-3），从86.81%提高到87.10%（表2-4）。这是因为低维空间中估计的混淆概率矩阵更加贴近最终降维空间中的混淆情况。

片段空间可以进一步提升分类性能，不同模型的平均rank（图2-4）的提高量可以表述如下：

$$\text{aPAC} \xrightarrow{0.980\ 8} \text{aPAC-L} \xrightarrow{3.769\ 2} \text{aPAC-F5}$$

$$\text{POW9} \xrightarrow{1.923\ 1} \text{POW9-L} \xrightarrow{3.634\ 6} \text{POW9-F1}$$

$$\text{KNN5} \xrightarrow{0.750\ 0} \text{KNN5-L} \xrightarrow{1.057\ 7} \text{KNN5-F10} \quad (2.32)$$

以POW9为例子，图2-7比较了原始空间和片段空间的分类精度。和不同加权函数带来的提升（式(2.29)）相比，不同加权空间带来的提升不是很明显。

对于片段空间取不同的步长，性能的变化如下：

$$\text{aPAC-F1} < \text{aPAC-F10} < \text{aPAC-F5}$$

$$\text{POW9-F10} < \text{POW9-F5} < \text{POW9-F1}$$

$$\text{KNN5-F1} < \text{KNN5-F5} < \text{KNN5-F10} \quad (2.33)$$

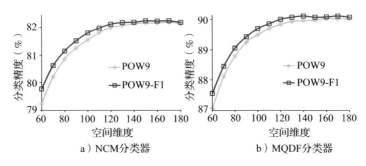

a）NCM分类器　　　　　　　　　b）MQDF分类器

图 2-7　POW9 和 POW9-F1 在不同降维空间的分类精度

这表明：小的片段步长并不一定能带来更高的分类精度。

图 2-8 显示了不同加权空间的训练时间。可以发现：随着片段步长 t 递减，计算复杂度显著增加。因此，在实际问题中，考虑到片段空间带来的微弱精度提升和大量的计算开销，片段步长不宜选得过小。

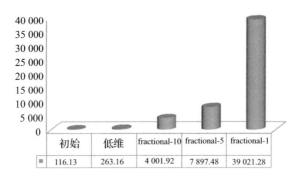

	初始	低维	fractional-10	fractional-5	fractional-1
■	116.13	263.16	4 001.92	7 897.48	39 021.28

图 2-8　KNN5 模型在不同加权空间中的训练时间（单位：秒）

2.4.9　空间不变性

本小节对不同加权函数的空间不变性进行了评估。给定一个加权矩阵 $\boldsymbol{F} = \{f_{ij}\} \in \mathbb{R}^{C \times C}$，本小节将 $\boldsymbol{F}$ 归一化为 $\hat{\boldsymbol{F}}$：

$$\hat{\boldsymbol{F}} = \left\{ \hat{f}_{ij} = \frac{f_{ij}}{\sum\limits_{i,j=1}^{C} f_{ij}} \right\} \in \mathbb{R}^{C \times C} \tag{2.34}$$

这主要是为了消除绝对尺度的影响，并不会影响 WFC 准则（式(2.13)）。两个加权矩阵 $\boldsymbol{A}$ 和 $\boldsymbol{B}$ 的差异性被定义为：

$$\text{diff1} = \sum_{i,j=1}^{C} \left| \hat{\boldsymbol{A}}_{ij} - \hat{\boldsymbol{B}}_{ij} \right|$$

$$\text{diff2} = \frac{1}{C^2} \sum_{i,j=1}^{C} \mathbb{I}(\hat{\boldsymbol{A}}_{ij} \neq \hat{\boldsymbol{B}}_{ij}) \tag{2.35}$$

其中 $\mathbb{I}(a \neq b) = 1$（如果 $a \neq b$），而其他情况等于 0。"diff1"用来描述两个加权矩阵的绝对差异性，"diff2"用来记录 $\boldsymbol{A}$ 和 $\boldsymbol{B}$ 中的差异元素的个数。

为了评估加权函数的空间不变性，本小节计算原始空间（original space）和最终降维空间（final reduced space）中两个加权矩阵的差异性。表 2-5 显示了比较结果。因为 CDM 使用的混淆概率矩阵是与分类器相关的，所以这里给出了两个 CDM 的结果（分别对应 NCM 和 MQDF）。FDA 的加权函数是绝对空间不变的。而 aPAC 模型具有很小的绝对误差（diff1），但是几乎所有的元素都发生了变化（diff2）。综合考虑 diff1 和 diff2，KNN 模型具有近似空间不变性，换言之，类别之间的 KNN 关系在不同空间中近似一致。这也解释了为什么片段空间在 KNN 方法上只取得了最少的提升（式(2.32)）。

表 2-5　原始空间（$d=512$）和降维空间（$d'=160$）中加权矩阵的差异性

模型	diff1	diff2
FDA	0.000 0	0.000 0
aPAC	0.028 6	0.999 7
POW9	0.520 1	0.384 5
CDM(NCM)	0.728 3	0.002 8
CDM(MQDF)	1.010 6	0.002 2
KNN5	0.258 5	0.000 3

2.4.10　形近字分析

本节比较了不同的降维方法对形近字分类性能的影响。两个类别 A 和 B 的混淆概率（Confusion Probability，CP）被定义为：

$$CP_{A,B} = \frac{1}{2}\left(\frac{N_{A\rightsquigarrow B}}{N_A} + \frac{N_{B\rightsquigarrow A}}{N_B}\right) \qquad (2.36)$$

其中 N_A 是类别 A 所包含的样本数，而 $N_{A\rightsquigarrow B}$ 是"来自类别 A"但是"被错分到类别 B"的样本数。一些形近字在 FDA 和 KNN5（$d'=60$ 且使用 NCM 分类器）降维空间中的混淆概率 CP 被显示在图 2-3 中。可以发现：①对于绝大部分形近字，KNN5 的混淆概率比 FDA 要低；②对于部分形近字，

KNN5 的混淆概率也有可能高于 FDA。在 CASIA-HWDB 1.1
数据库的测试集上，对于混淆概率 CP 大于 0.01 的类别对总
共有 8 279 对，而其中 KNN5 取得了 3 755 次优于 FDA 的性
能，FDA 取得了 2 650 次优于 KNN5 的性能，剩余场合它们
的性能相近。这也进一步验证了 KNN5 在改善形近字可分性
方面的优势。

2.5　样本级别的加权 Fisher 准则

加权 Fisher 准则（Weighted Fisher Criterion，WFC）仅仅
使用了每个类的均值向量和协方差矩阵，例如，加权的类间
离散度矩阵（式(2.15)）是从类别级别（class level）计算
的。因此，根据文献［3］的观点，WFC 可以看作一种参数
特征提取方法（parametric feature extraction method）。非参数
分析（Nonparametric Discriminant Analysis，NDA）方法[75,76]
是对参数方法的一种扩展。具体地，非参数方法把离散度矩
阵（scatter matrix）的定义从类别级别扩展到了样本级别
（sample level）。不同的样本在离散度矩阵的计算中可以根据
其到分类决策面的远近程度被赋予不同的权值，这种方法又
称为基于决策面的特征提取（decision boundary based feature
extraction）[77]。考虑到在样本级别计算离散度矩阵可以获得
更多的判别信息，本节也将 WFC 扩展到了样本级别。

如前面的章节所述，KNN 加权函数取得了最好的性能。因此本节把 KNN 方法扩展到 sample level。具体地，给定一个数据集合 $\{x_i, y_i\}_{i=1}^N$，其中 $x_i \in \mathbb{R}^d$ 并且 $y_i \in \{1, \cdots, C\}$。白化变换（whitening）W_{whiten} 的定义已在式（2.7）中给出。白化之后的类均值向量 $\hat{\mu}_i$ 则由式（2.16）定义。样本级别（sample level）的类间离散度矩阵被重新定义为：

$$\widetilde{S}_b = \sum_{i=1}^N \sum_{j=1}^C f_{ij}(\hat{x}_i - \hat{\mu}_j)(\hat{x}_i - \hat{\mu}_j)^{\mathrm{T}} \qquad (2.37)$$

其中 $\hat{x}_i = W_{\text{whiten}}^{\mathrm{T}} x_i$。样本级别（sample level）的加权函数 $F = \{f_{ij}\} \in \mathbb{R}^{N \times C}$ 的定义是：

$$f_{ij} = \begin{cases} 1, & \text{如果} \quad \hat{\mu}_j \in \text{KNN}(\hat{x}_i, y_i) \\ 0, & \text{否则} \end{cases} \qquad (2.38)$$

其中 KNN（$\hat{x}_i, y_i$）表示从集合 $\{\hat{\mu}_1, \hat{\mu}_2, \cdots, \widehat{\mu_{y_i-1}}, \widehat{\mu_{y_i+1}}, \cdots, \widehat{\mu_C}\}$ 中选出的 $\hat{x}_i$ 的 k 近邻。此时的类间离散度矩阵 $\widetilde{S}_b$ 是基于样本级别（sample level）的 KNN 方法，因此本节把这种方法记作 SKNN。定义 $W_{\text{SKNN}} \in \mathbb{R}^{d \times d'}$ 矩阵中的每一列为 $\widetilde{S}_b$ 具有较大特征值的 d' 个特征向量，则可以得到最终的降维矩阵为：$W_{\text{final}} = W_{\text{whiten}} W_{\text{SKNN}} \in \mathbb{R}^{d \times d'}$。

SKNN 是对 KNN 方法的一个非参数扩展（nonparametric extension）。SKNN 方法将 KNN 加权函数从类别级别（class level）扩展到了样本级别（sample level）。不同的样本可以使用不同的类均值作为近邻，因此 SKNN 可以刻画更多的分类决策面信息。SKNN 可以克服类别可分性问题（class separation problem），因为每一个样本仅仅与其 k 近邻链接。SKNN 也可以减轻异方差（heteroscedastic）问题，因为 $\tilde{S}_b$ 是从所有的样本中计算得到的，而不仅仅是类均值。WFC（式(2.15)）仅仅使用类均值来计算离散度矩阵，不同类别的协方差矩阵信息仅仅被用在白化变换（whitening S_w）中，而白化变换又恰恰是基于同方差（homoscedastic）的假设。与此不同的是，SKNN 利用所有的样本来计算类间离散度矩阵，不同类别的协方差信息可以被隐含地利用在 $\tilde{S}_b$ 中。此外，SKNN 也可以部分解决多模态问题，因为除了类均值，每个类的所有样本都被用来描述这个类别。总而言之，SKNN 可以刻画更多的分界面信息，解决类别可分性问题，减轻异方差和多模态问题，因此 SKNN 可以获得优于其他模型的性能。

在接下来的章节中，本书把 SKNN 与其他在汉字识别中展现出较好性能的方法进行直接比较。

2.5.2 汉字识别中的其他降维方法

Gao 等人[62] 提出了一种局部线性判别分析（Locally Linear Discriminant Analysis，LLDA）。具体地，三种策略被用来提升分类性能：①把每一个类别的所有样本划分成几个子类；②对每一个子类中心，都从其他类的子类中心中找其最近邻，利用这二者去计算类间离散度矩阵；③使用向量归一化来进一步减轻距离大的类别对（class pair）对性能的影响。LLDA 可以解决类别可分性和多模态问题，因此获得了比传统 FDA 更优的性能[62]。

Wang 等人[63] 提出一种近邻类线性判别分析（Neighbor Class Linear Discriminant Analysis，NCLDA）方法来解决类别可分性问题。NCLDA 重新定义类间离散度矩阵为 $S_b = \sum_{i=1}^{C} p_i \left(\widehat{\boldsymbol{\mu}}_i - \frac{1}{k} \sum_{j=1}^{k} \widehat{\boldsymbol{\mu}}_{ij} \right) \left(\widehat{\boldsymbol{\mu}}_i - \frac{1}{k} \sum_{j=1}^{k} \widehat{\boldsymbol{\mu}}_{ij} \right)^{\mathrm{T}}$，其中 $\widehat{\boldsymbol{\mu}}_{ij}$ 表示从其他类别中挑选出的关于 $\widehat{\boldsymbol{\mu}}_i$ 的第 j 个近邻。当 $k = C$ 时，NCLDA 等价于传统的 FDA。通过使用一个较小的 k，NCLDA 可以解决类别可分性问题。NCLDA 非常类似于本书中的 KNN 方法。两者的区别主要是：KNN 方法最大化每一个类与其近邻类的距离之和，而 NCLDA 最大化每一个类与其近邻类"均值"的距离。使用近邻类的"均值"会丢失一些重要的判别信息。例如，考虑这样三个类别：A：（-1，0）、B：（0，0）、C：（1，0），最大化 $d(B, C) + d(B, A)$ 可以找到 x 轴为投影方向；相反地，最大化 $d(B, 0.5(A+C))$ 得不到任何有意义的结果。因此，从理论上来讲，KNN 要优于 NCLDA。

FDA 的另外一个局限性就是异方差问题（heteroscedastic problem），换言之，FDA 是基于"每一个类的协方差矩阵都相等"这样一个假设的，而这个假设在实际中往往不成立。Loog 和 Duin[54] 提出了一种基于 Chernoff 准则来把 FDA 扩展到异方差的模型，但是，这种方法对于大类别集问题的计算量过大。Liu 和 Ding[64] 提出了一种基于 Mahalanobis 准则的异方差线性判别分析 （Heteroscedastic Linear Discriminant Analysis，HLDA） 方法来替代 Chernoff 准则。这样一种 HLDA 方法比 Chernoff 准则更加适用于大类别集问题，并且在汉字识别上也取得了较好的性能。

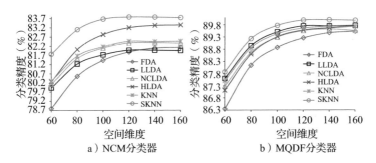

图 2-9　不同模型 FDA、LLDA、NCLDA、HLDA、KNN、SKNN 在不同降维空间的分类精度

2.5.3　性能评估

本节对 LLDA、NCLDA、HLDA 以及本书提出的 KNN 方法和 SKNN 方法进行实验比较，数据集仍然是 CASIA-HWDB1.1[66]（见 2.4.1 节）。对于 LLDA 方法，本节使用和

文献［62］一样的参数设置，包括子类个数和近邻个数⊖。为了公平起见，NCLDA、KNN 以及 SKNN 方法中的近邻个数都被设置成 5。

图 2-9 展示了不同模型的实验结果。可以发现：①所有的方法（LLDA、NCLDA、HLDA、KNN 以及 SKNN）和传统的 FDA 相比，都可以获得性能的提升，这是因为 FDA 具有类别可分性和异方差问题的局限性。②KNN 优于 NCLDA（无论是使用 NCM 还是 MQDF 分类器），这表明：最大化每一个类与其近邻类的距离之和要优于最大化每一个类与其近邻类"均值"的距离。③当使用 MQDF 作为分类器时，LLDA 取得了较好性能；当使用 NCM 作为分类器时，LLDA 取得了较差性能。这表明，将每一个类别划分成多个子类的思想对 MQDF 很有效，因为这样可以很好地刻画每一个类的分布。但是，这样一种策略不适用于 NCM 分类器，因为对于每个类别，NCM 仅仅使用了一个原型（类均值）。④当使用 NCM 作为分类器时，HLDA 取得了较好性能；当使用 MQDF 作为分类器时，HLDA 取得了较差性能。这是因为 NCM 假设每个类是高斯分布并且具有单位矩阵的协方差矩阵，而 HLDA 很好地利用了异方差信息，所以可以提升 NCM

⊖ 在文献［62］中，实验并不是在 CASIA-HWDB1.1[66] 的标准"训练集—测试集"划分上进行的，并且文献［62］中报道的分类精度比我们的结果要低。

的性能。但是，对于 MQDF 分类器，不同类别的协方差矩阵的差异性已经被考虑，而此时一个更重要的问题是类别可分性问题，所以 HLDA 并不能为 MQDF 分类器带来很高的提升。⑤SKNN 在所有的降维空间中取得了一致性的最高性能（不管是使用 NCM 还是 MQDF 作为分类器）。同时 SKNN 也显著优于 KNN 方法。这表明：在样本级别计算的类间离散度矩阵可以刻画出更多的判别信息，因而和其他方法相比可以获得更高的分类精度。

　　本节还从计算复杂度的角度对不同方法进行了比较，具体结果见图 2-10。可以发现：①FDA、KNN 以及 NCLDA 具有较低的计算复杂度，因为它们仅仅使用了类均值向量来计算类间离散度矩阵。②因为要把每一个类划分成多个子类，所以 LLDA 具有适中的计算复杂度。③HLDA 具有最高的计算复杂度，因为在计算类间离散度矩阵时，每一个类都需要做一次矩阵求逆运算。④SKNN 的计算复杂度也较高，这是因为样本级别的近邻寻找的计算量与训练样本数、类别数、维数成线性相关的关系。但是考虑到 SKNN 带来的显著分类性能提升，计算复杂度的上升也变得相对比较值得。

　　本节报道的所有结果都可以精确地使用数据集[66] 来重现，因此在后续大类别集降维研究中，可以使用本节的结果和数据作为基准做公平评估。

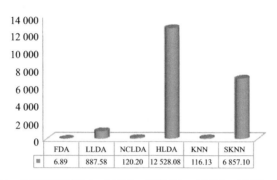

	FDA	LLDA	NCLDA	HLDA	KNN	SKNN
■	6.89	887.58	120.20	12 528.08	116.13	6 857.10

图 2-10　不同模型 FDA、LLDA、NCLDA、HLDA、KNN、SKNN 的训练时间（单位：秒）

2.6　本章小结

　　本章对基于加权 Fisher 准则（Weighted Fisher Criterion, WFC）的大类别集降维问题进行了深入研究。加权 Fisher 准则 WFC 的目标是最大化经过加权的类别对（class pair）距离之和。通过给容易混淆的类别对（class pair）设置更大的权值，WFC 可以很好地解决类别可分性问题，并且其优化问题依然可以通过特征值分解来求解。本章对五种不同的加权函数——FDA、aPAC、POW、CDM、KNN 以及三种不同的加权空间——原始空间、低维空间、片段空间进行了深入细致的评估。通过在 3 755 类的脱机汉字识别数据库上进行实验分析，本章得出了如下结论：

- KNN 加权函数取得了显著优于其他加权函数的性能。

- 由于其快速的计算速度和稀疏性，KNN 加权函数也取得了最低的计算复杂度（除 FDA 以外）。

- 不同的加权空间可以轻微地提升分类精度，但是却带来了计算量的大幅增长。

- 实验表明，KNN 加权函数具有近似的空间不变性，换言之，不同类别的 KNN 关系在不同空间近似一致。

- 定义在原始空间的 KNN 加权函数是最方便也是最有效的方法。

本章同时也将加权 Fisher 准则从类别级别（class level）扩展到了样本级别（sample level），提出了样本级别（sample level）的 KNN 方法，记作 SKNN。SKNN 是对 KNN 方法的非参数（nonparametric）扩展，具有如下特点：

- SKNN 可以刻画更多的分类决策面信息。

- SKNN 可以解决类别可分性问题。

- SKNN 可以减轻异方差和多模态问题。

- 在大类别集汉字分类上，SKNN 可以取得显著优于如下方法的性能：

  - LLDA：局部线性判别分析，用于解决类别可分性和多模态问题。

  - NCLDA：近邻类线性判别分析，用于解决类别可分性问题。

  - HLDA：异方差线性判别分析，用于解决异方差问题。

第 3 章

基于局部平滑的修正
二次判别函数

3.1 引言

修正二次判别函数（Modified Quadratic Discriminant Function，MQDF)[65] 在过去 25 年中被广泛并成功地应用于手写汉字识别领域[70,73,78]。但是 MQDF 拥有大量的自由参数，往往会导致对训练数据的过拟合（over-fitting）。为了解决这个问题，本章提出一种局部平滑（local smoothing）的方法对协方差矩阵进行精确估计。局部平滑可以看作一种正则项（regularization），可以解决过拟合问题，并改善泛化性能。

3.1.1 二次判别函数 QDF

在贝叶斯决策中，二次判别函数（Quadratic Discriminant Function，QDF）是基于类条件概率分布为高斯分布的假设推导而来的：

$$p(\boldsymbol{x} \mid i) = \frac{\exp\left[-\dfrac{1}{2}(\boldsymbol{x} - \boldsymbol{\mu}_i)^{\mathrm{T}}\boldsymbol{\Sigma}_i^{-1}(\boldsymbol{x} - \boldsymbol{\mu}_i)\right]}{(2\pi)^{\frac{d}{2}}\left|\boldsymbol{\Sigma}_i\right|^{\frac{1}{2}}} \qquad (3.1)$$

其中 $\boldsymbol{\mu}_i \in \mathbb{R}^d$ 和 $\boldsymbol{\Sigma}_i \in \mathbb{R}^{d \times d}$ 分别代表类 i 的均值向量和协方差矩阵。考虑一个 M 类的分类问题，样本 $\boldsymbol{x}$ 将被分到具有最大后验概率（Maximum A Posterior，MAP）的类别中：$\boldsymbol{x} \in \arg \max\limits_{i=1}^{M} p(i \mid \boldsymbol{x}) = \dfrac{p(i)p(\boldsymbol{x} \mid i)}{p(\boldsymbol{x})}$，其中 $p(i)$ 是类 i 的先验概率，而 $p(\boldsymbol{x})$ 是混合的概率密度。当假设每个类的先验概率都相等时，MAP 决策规则将变成 $\boldsymbol{x} \in \arg \max p(\boldsymbol{x} \mid i)$，而此问题又等价于 $\boldsymbol{x} \in \arg \min -\log p(\boldsymbol{x} \mid i)$，因而可以得到 QDF 的定义如下：

$$f_{\mathrm{QDF}}(\boldsymbol{x}, i) = (\boldsymbol{x} - \boldsymbol{\mu}_i)^{\mathrm{T}}\boldsymbol{\Sigma}_i^{-1}(\boldsymbol{x} - \boldsymbol{\mu}_i) + \log\left|\boldsymbol{\Sigma}_i\right| \qquad (3.2)$$

QDF 可以看作样本 $\boldsymbol{x}$ 和类别 i 之间的一个马氏距离度量：

$$\boldsymbol{x} \in \text{class } \arg \min\limits_{i=1}^{M} f_{\mathrm{QDF}}(\boldsymbol{x}, i) \qquad (3.3)$$

QDF 的分类性能严格依赖于协方差矩阵的逆 $\boldsymbol{\Sigma}_i^{-1}$。由于训练样本不足和估计上的偏差，协方差矩阵 $\boldsymbol{\Sigma}_i$ 往往是奇异的。因此，在实际问题中，QDF 往往不能取得满意的性能。为了得到鲁棒和精确的 $\boldsymbol{\Sigma}_i^{-1}$ 估计，很多模型被相继提出，而其中修正二次判别函数（MQDF）[65] 是对大类别集分类表现最好的一种模型。

3.1.2 修正二次判别函数 MQDF

通过使用特征值分解，协方差矩阵可以被对角化成 $\boldsymbol{\Sigma}_i = \boldsymbol{\Phi}_i \boldsymbol{\Lambda}_i \boldsymbol{\Phi}_i^{\mathrm{T}}$，其中 $\boldsymbol{\Lambda}_i = \mathrm{diag}[\lambda_{i1}, \cdots, \lambda_{id}]$，$\lambda_{ij} \in \mathbb{R}^+ (j = 1, \cdots, d)$ 表示按照非递增顺序排列的特征值，而 $\boldsymbol{\Phi}_i = [\boldsymbol{\phi}_{i1}, \cdots, \boldsymbol{\phi}_{id}]$，$\boldsymbol{\phi}_{ij} \in \mathbb{R}^d (j = 1, \cdots, d)$ 表示相对应的特征向量。把协方差矩阵的特征值分解形式带入 QDF 可以得到 $f_{\mathrm{QDF}}(\boldsymbol{x}, i) = \sum_{j=1}^{d} \dfrac{1}{\lambda_{ij}} [\boldsymbol{\phi}_{ij}^{\mathrm{T}} (\boldsymbol{x} - \boldsymbol{\mu}_i)]^2 + \sum_{j=1}^{d} \log \lambda_{ij}$。在实际中，较小的特征值往往估计不准确，因此 MQDF[65] 将较小的特征值 $\lambda_{ij} (j > k)$ 替换成一个常数 δ_i 来改善泛化性能。

$$
\begin{aligned}
f_{\mathrm{MQDF}}(\boldsymbol{x}, i) = & \sum_{j=1}^{k} \left(\frac{1}{\lambda_{ij}} - \frac{1}{\delta_i} \right) [\boldsymbol{\phi}_{ij}^{\mathrm{T}} (\boldsymbol{x} - \boldsymbol{\mu}_i)]^2 \\
& + \frac{1}{\delta_i} \| \boldsymbol{x} - \boldsymbol{\mu}_i \|^2 + \sum_{j=1}^{k} \log \lambda_{ij} \\
& + (d - k) \log \delta_i
\end{aligned}
\tag{3.4}
$$

其中 k 代表主特征向量（主成分）的个数。上述推导利用了性质 $\boldsymbol{\Phi}_i^{\mathrm{T}} \boldsymbol{\Phi}_i = \boldsymbol{I}$ 和 $\| \boldsymbol{x} - \boldsymbol{\mu}_i \|^2 = \sum_{j=1}^{d} [\boldsymbol{\phi}_{ij}^{\mathrm{T}} (\boldsymbol{x} - \boldsymbol{\mu}_i)]^2$。和 QDF 相比，MQDF 仅仅使用了主特征向量和特征值，存储量和计算量就都得以降低。更重要的是，通过把较小的特征值设成一个与类别无关的常数 $\delta_1 = \delta_2 = \cdots = \delta_M = \alpha \dfrac{1}{Md} \sum_{i=1}^{M} \sum_{j=1}^{d} \lambda_{ij}$，并且利用交叉验证从 $[0, 1]$ 中选择 α，MQDF 可以得到比 QDF

更高的分类性能。

3.2　对 MQDF 的改进

尽管 MQDF 取得了不错的性能，仍有大量对 MQDF 进行改进的模型从各个角度被提出来，例如，判别学习、内存削减、样本选择与合成、集成学习及判别特征提取。

因为 MQDF 是一个生成式模型（generative model），Liu 等人[70] 提出使用最小分类错误准则（Minimum Classification Error，MCE)[79] 对 MQDF 进行判别学习（discriminative train-ing)。在此之后，样本间隔准则（sample separation mar-gin)[80] 和感知机准则（perceptron criterion)[81] 也被用于 MQDF 的判别学习。基于样本重要性加权（instance impor-tance weighting)[82]、样本选择（instance selection)[83] 以及样本合成（virtual instance generation：mirror image)[84] 的方法，被用来对 MQDF 进行重新训练（retraining），这些方法也可以看作是变相的判别学习。对 MQDF 进行判别学习可以直接对分类决策面进行优化，因而可以获得更高的分类性能，尤其是当训练样本量很大的时候。

MQDF 对内存的要求比较高，例如对于一个 3 755 类、160 维的问题，MQDF 需要 120 MB 存储空间。为了削减 MQDF 的内存使用，Long 和 Jin[85] 提出使用矢量量化（vector quantization）和分裂量化（split quantization）的方法对参数

（均值、特征向量、特征值）进行压缩。Wang 和 Huo[86] 提出将协方差矩阵的逆矩阵建模成一些基矩阵的线性组合来削减内存。文献［87］提出将精度约束的高斯模型（precision constrained Gaussian model）和最小分类错误率（minimum classification error）准则相结合来压缩参数并提升性能。通过内存削减，高性能的 MQDF 分类器可以被移植到一些手持设备（手机、平板计算机）上。

还有大量模型从其他角度对 MQDF 进行了改进。Yang 和 Jin[88] 提出一种 kernel MQDF 将 MQDF 从原始空间扩展到一个隐性的高维空间——核空间（kernel space）。集成学习的方法，如连串分类器训练（cascade classifier training）[89]、Boosting[90] 和两两区分（pairwise discrimination）[59] 被相继用来提升 MQDF 的精度。最近，一种叫作 graphical lasso 的方法也被用来估计一个稀疏的协方差矩阵的逆 $\boldsymbol{\Sigma}_i^{-1}$ [91]。对协方差矩阵的行列式（determinant）进行归一化也能改善性能[92]。将 MQDF 和判别特征提取（discriminative feature extraction）相结合[93] 可以更进一步地提高分类精度。

3.3 局部平滑的修正二次判别函数 LSMQDF

尽管 MQDF 是一个生成式（generative）模型，但是 MQDF 可以获得很好的拟合性。在训练集上，MQDF 的精度可以达到 99%以上。但是，在测试集上，MQDF 的精度则变得相对低很多，例如脱机和联机汉字识别的测试精度分别约为 89% 和 93%。这表明 MQDF 对数据具有很好的拟合性，但是其泛化性能依旧不能令人满意。

根据极大似然（Maximum Likelihood, ML）估计出来的协方差矩阵往往会由于样本量不足而不够精确。此外，MQDF 的大量自由参数使得其对训练数据具有很好的记忆性，从而导致过拟合。为了改善 MQDF 的泛化性，文献［94］提出一种基于全局平滑的 RDA（Regularized Discriminant Analysis）模型，然而全局平滑的方法在大类别集问题中并不适用，因为假定所有的类别具有相似的协方差矩阵是不合理的。鉴于此，本章提出一种基于局部平滑的修正二次判别函数（Locally Smoothed Modified Quadratic Discriminant Function, LSMQDF）。具体地，LSMQDF 将每一个类的协方差矩阵与其近邻类进行平滑处理，从而得到一个更鲁棒的估计。LSMQDF 可以看作对全局平滑方法的一种推广。关于二者的区别和联系，我们会在接下来的章节中详述。

3.3.1　极大似然估计

给定训练数据集 $\{ \boldsymbol{x}_j^i \in \mathbb{R}^d \}$（$i = 1, \cdots, M, j = 1, \cdots, n_i$），其中 n_i 表示类 i 的训练样本数，而 M 是总的类别数。$\boldsymbol{x}_j^i$ 用来表示类 i 的第 j 个训练样本。类 i 的负对数似然度（Negative Log-Likelihood, NLL）可以写成一个关于均值向量 $\boldsymbol{\mu}$ 和

协方差矩阵 $\boldsymbol{\Sigma}$ 的函数：

$$\mathcal{NLL}(\boldsymbol{\mu},\boldsymbol{\Sigma},i) = -\sum_{j=1}^{n_i} \log p(\boldsymbol{x}_j^i \mid i)$$

$$\propto \sum_{j=1}^{n_i} (\boldsymbol{x}_j^i - \boldsymbol{\mu})^{\mathrm{T}} \boldsymbol{\Sigma}^{-1} (\boldsymbol{x}_j^i - \boldsymbol{\mu}) + n_i \log |\boldsymbol{\Sigma}| \qquad (3.5)$$

对于 $\boldsymbol{\mu}_i$ 和 $\boldsymbol{\Sigma}_i$ 的极大似然（ML）估计，可以一个类一个类地依次进行（$i=1,\cdots,M$）：

$$\{\boldsymbol{\mu}_i,\boldsymbol{\Sigma}_i\} = \arg\min_{\boldsymbol{\mu},\boldsymbol{\Sigma}} \mathcal{NLL}(\boldsymbol{\mu},\boldsymbol{\Sigma},i) \qquad (3.6)$$

通过求解这个凸优化问题，得到 ML 的估计值：

$$\boldsymbol{\mu}_i = \frac{1}{n_i} \sum_{j=1}^{n_i} \boldsymbol{x}_j^i \qquad (3.7)$$

$$\boldsymbol{\Sigma}_i = \frac{1}{n_i} \sum_{j=1}^{n_i} (\boldsymbol{x}_j^i - \boldsymbol{\mu}_i)(\boldsymbol{x}_j^i - \boldsymbol{\mu}_i)^{\mathrm{T}} \qquad (3.8)$$

3.3.2 局部平滑：LSMQDF

当训练样本数较少（n_i 较小）时，极大似然估计得到的结果往往是欠估计的，协方差矩阵（式(3.8)）的估计误差要比均值向量（式(3.7)）的估计误差更严重。为了得到更为精确和鲁棒的参数估计，本节提出一种基于局部平滑（local smoothing）的方法：

$$\widetilde{\boldsymbol{\Sigma}}_i \arg\min_{\boldsymbol{\Sigma}} (1-\beta)\, \mathcal{NLL}(\boldsymbol{\mu}_i,\boldsymbol{\Sigma},i) +$$

$$\beta \frac{1}{K} \sum_{j \in \mathrm{KNN}(i)} \mathcal{NLL}(\boldsymbol{\mu}_j,\boldsymbol{\Sigma},j) \qquad (3.9)$$

其中 KNN(i) 代表从其他类别中挑选出的关于类 i 的 K 个近

邻类（根据类均值向量的欧式距离选取）。式（3.9）的第一项是极大似然估计，第二项是一个对近邻类协方差矩阵的局部平滑项。而 $\beta \in [0, 1]$ 是一个对二者进行平衡的超参数。因为对类均值向量的估计已经足够精确，所以 $\boldsymbol{\mu}_i$ 仍旧使用极大似然估计的结果（式(3.7)）。此时，新的协方差矩阵 $\tilde{\boldsymbol{\Sigma}}_i$ 不仅最大化了类 i 的似然，也考虑了近邻类的似然。因此可以认为：来自类 i 和近邻类的所有样本被同时用来得到一个鲁棒的协方差矩阵估计。这基于"近邻类具有近似的协方差矩阵"这样一个假设，而该条件恰恰在汉字识别中得以满足，因为形近字往往具有相同的书写风格（或形变）。

定义为式（3.9）的优化问题依然是一个凸问题，并且有如下解析解：

$$\tilde{\boldsymbol{\Sigma}}_i = \frac{(1-\beta)n_i\boldsymbol{\Sigma}_i + \beta \dfrac{1}{K}\sum_{j \in \text{KNN}(i)} n_j\boldsymbol{\Sigma}_j}{(1-\beta)n_i + \beta \dfrac{1}{K}\sum_{j \in \text{KNN}(i)} n_j} \tag{3.10}$$

其中 $\boldsymbol{\Sigma}_i$ 是极大似然估计（式3.8）。从这个表达式可以看出：$\tilde{\boldsymbol{\Sigma}}_i$ 是利用近邻信息 $\boldsymbol{\Sigma}_j$（$j \in \text{KNN}(i)$）对 $\boldsymbol{\Sigma}_i$ 做的一个平滑处理。因此 $\tilde{\boldsymbol{\Sigma}}_i$ 应该比 $\boldsymbol{\Sigma}_i$ 更加精确，尤其是当 n_i 较小的时候。通过使用 $\boldsymbol{\mu}_i$（式(3.7)）和 $\tilde{\boldsymbol{\Sigma}}_i$（式(3.10)）去训练 MQDF 分类器（见3.1.2节），可以得到更好的泛化性能，本书将这种方法记作 LSMQDF。通过局部平滑，训练数据上的一些信

息会被丢失，但是新得到的协方差矩阵 $\tilde{\boldsymbol{\Sigma}}_i$ 会更鲁棒。因此，虽然训练集上的精度被降低了（避免过拟合），但是测试集上的精度却得到了提升（改善泛化性）。

3.3.3 局部平滑与全局平滑

LSMQDF 也可以看作对全局平滑（global smoothing）方法的一种扩展。全局平滑方法 RDA[94] 限制了参数的自由度。具体地，每个类的协方差矩阵都与全局协方差矩阵 $\boldsymbol{\Sigma}_0$ 和单位矩阵 $\boldsymbol{I}$ 进行插值：

$$\hat{\boldsymbol{\Sigma}}_i = (1-\gamma)\left[(1-\beta)\boldsymbol{\Sigma}_i + \beta\boldsymbol{\Sigma}_0\right] + \gamma\delta_i^2 I \qquad (3.11)$$

其中 $\boldsymbol{\Sigma}_0 = \left(\sum_{i=1}^{M} n_i\boldsymbol{\Sigma}_i\right)\bigg/\left(\sum_{i=1}^{M} n_i\right)$，$\delta_i^2 = \dfrac{1}{d}\mathrm{tr}\,(\boldsymbol{\Sigma}_i)$ 而 $0 \leqslant \beta$，$\gamma \leqslant 1$。通过人工选定合适的 β 和 γ，RDA 可以改善泛化性能，并且一些模型被包含成 RDA 的特例：①原始 QDF，$\beta = \gamma = 0$；②线性判别函数（Linear Discriminant Function，LDF），$\gamma = 0$，$\beta = 1$；③欧式距离，$\gamma = 1$。当使用 $\boldsymbol{\mu}_i$（式(3.7)）和 $\hat{\boldsymbol{\Sigma}}_i$（式(3.11)）来训练 MQDF 分类器时（见 3.1.2 节），基于 RDA 训练的 MQDF 分类器可以获得比传统 MQDF 更好的性能。为了简化，我们把基于 RDA 训练的 MQDF 分类器依旧记作 RDA。

RDA 是一个全局平滑方法，而 LSMQDF 是一个局部平滑方法。当类别数较大时，全局平滑得不到太多性能提升，但是局部平滑依然可以很有效地提升分类精度。这是因为我们不能假定所有的类别具有相同的协方差矩阵，相反地，近邻类具有相同协方差矩阵的可能性更大。我们会在接下来的章节中通过实验展示 LSMQDF 的优异性能。

3.4 实验结果

我们在两个 3 755 类汉字识别数据库[67]（脱机汉字数据库 CASIA-HWDB 1.1 以及联机汉字数据库 CASIA-OLHWDB 1.1）上对 LSMQDF 进行了评估。它们都包含来自 300 个书写人的手写汉字字符，其中 240 人的数据用来训练，剩余 60 人的数据用来测试。每一个书写人都有大约 3 755 个样本（每类一个）。提取的特征文件数据可以从文献 [66] 下载。

3.4.1 LSMQDF 用于脱机识别

为了描述一个脱机字符，我们从背景消除后的灰度图片上提取 NCGF（Normalization-Cooperated Gradient Feature）[60]。原始的特征维数是 512，我们利用 FDA 方法（Fisher linear Discriminant Analysis）将其降维到 160 维。

对于 LSMQDF 模型（式(3.10)）中的超参数，本章使用了 $K = 10$ 和 $\beta = 0.5$。对这两个参数的敏感性分析会在后面章节中介绍。对于 RDA 模型（式(3.11)），在本章的实验设置下有 $\Sigma_0 = I$，换言之，在 FDA 的降维子空间中全局协方差矩

阵等于 I，因此这里 RDA 可以简化成 $\hat{\boldsymbol{\Sigma}}_i = (1-\gamma)\,\boldsymbol{\Sigma}_i + \gamma\delta_i^2 I$，我们通过在测试集上从 0 到 1 对 γ 进行遍历，然后得出最好的结果。

图 3-1 展示了 MQDF、RDA、LSMQDF 在不同主成分个数情况下，训练集和测试集的分类精度。可以发现：①不管是全局平滑 RDA 还是局部平滑 LSMQDF，都可以降低训练精度，同时提高测试精度，这表明通过抑制过拟合可以改善泛化性；②在测试集上，LSMQDF 显著并一致优于 RDA；③与传统 MQDF 相比，LSMQDF 可以有效提升测试精度，例如当使用 50 个主特征向量时，测试精度从 89.53% 提升到 90.27%。

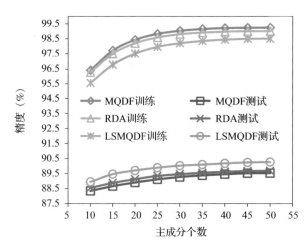

图 3-1　在脱机识别任务中对 MQDF、RDA、LSMQDF 的比较

3.4.2 不同维数的影响

通过使用 FDA 将维数从 512 削减到不同的子空间,本小节对不同维数空间的 MQDF 和 LSMQDF 性能进行了比较。此时依旧使用 $K=10$ 和 $\beta=0.5$ 来计算式(3.10),而分类器中的主特征向量个数是 50。图 3-2 展示了比较结果。当维数较低时,MQDF 和 LSMQDF 的差异性并不显著,但是随着维数的增加,它们的差异性越来越大,这是因为维数灾难(curse of dimensionality)问题。换言之,在高维空间中,训练样本量往往不足以得到精确的参数估计,此时平滑(smoothing)将成为一种提高参数估计鲁棒性并改善分类器泛化性能的有效手段。

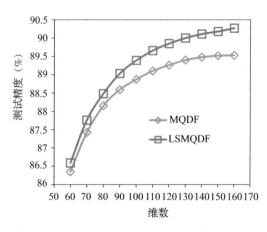

图 3-2 不同维数下 MQDF 和 LSMQDF 的性能

3.4.3 不同训练数据量的影响

本小节对不同训练数据量下的 MQDF 和 LSMQDF 性能进行了比较。此时，维数被固定为 160，而 $K = 10$、$\beta = 0.5$ 被用来计算式（3.10），分类器的主特征向量个数仍然是 50。图 3-3 展示了比较结果。可以发现：LSMQDF 可以显著并一致地改善测试精度，尤其是当训练样本数较少时。例如，当每个类有 60 个训练样本时，测试精度从 84.79% 提升到 86.80%。

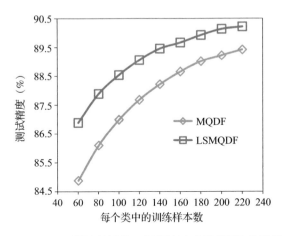

图 3-3　不同训练数据量下 MQDF 和 LSMQDF 的性能

3.4.4 对 K 的选择

本小节评估了不同的近邻数 K（式(3.10)）对 LSMQDF

性能的影响。其他参数设置情况和3.4.3节一致。图3-4展示了评估结果。当 $K = 3$ 时，LSMQDF 的测试精度已经比 MQDF 要高。随着 K 的继续增加，LSMQDF 的性能进一步上升。当 $10 \leqslant K \leqslant 30$ 时，性能变化不大。因此，LSMQDF 的性能对 K 的选取并不敏感。

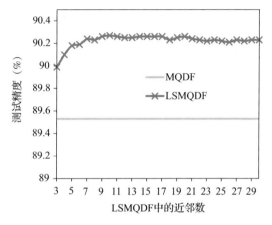

图 3-4　近邻数 K 对 LSMQDF 的影响

3.4.5　对 β 的选择

本小节评估了不同的 β（式(3.10)）对 LSMQDF 性能的影响。其他参数设置情况和3.4.3节一致。图3-5展示了评估结果。当 $\beta = 0.1$ 时，LSMQDF 的精度要高于 MQDF，因为近邻类的信息被用到了协方差矩阵的估计中。随着 β 的增加，LSMQDF 的性能进一步上升。但是，当 $\beta > 0.5$ 时，其性能反而下降，这是由于较大的 β 会带来过平滑（over-smoot-hing）。因此，在实际中我们要注意对 β 的选取，$\beta=0.5$ 在本章的实验中被验证是个不错的参数选择。

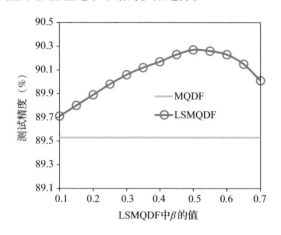

图 3-5　不同 β 对 LSMQDF 的影响

3. 4. 6　LSMQDF 用于联机识别

本小节将 LSMQDF 用于联机汉字识别。为了表示一个联机字符样本，本小节使用了结合伪二维矩归一化（Pseudo 2D Bi-Moment Normalization，P2DBMN）的 8 方向梯度直方图特征[95]。联机书写过程中"提笔"产生的虚笔画也被以 0. 5 的权重加入特征提取过程中[96]。其他模型的参数设置和 3. 4. 1 节中的一致。

图 3-6 展示了比较结果。虽然 MQDF 在联机字符上可以

获得更高的分类精度（相比于脱机字符），但是 LSMQDF 仍然可以提升其分类精度，例如当主特征向量个数是 50 时，分类精度从 93.22% 提升到 93.70%。基于局部平滑方法的 LSMQDF 再一次展现出优于基于全局平滑方法的 RDA 的性能。

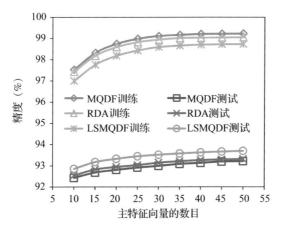

图 3-6   在联机识别任务中对 MQDF、RDA、LSMQDF 的比较（见彩插）

3.5   本章小结

为了改善 MQDF 的泛化性，本章提出一种基于局部平滑的修正二次判别函数（LSMQDF）。LSMQDF 将每个类的协方差矩阵与其近邻类进行平滑处理，从而得到更加鲁棒的参数估计和更高的泛化精度。局部平滑的思想非常简单但是行之有效，未来的研究计划主要包括以下四项。

- 从理论的角度，如贝叶斯学习（Bayesian learning)[97]，来对局部平滑进行分析。

- 利用 LSMQDF 得到的参数作为初始值进行判别学习[70]。

- 将 LSMQDF 和判别特征提取[93] 相结合来进一步提升性能。

- 局部平滑的思想也可以使用到其他分类器，最直接的推广就是高斯混合模型（Gaussian Mixture Model, GMM）。

第4章

基于风格迁移映射的
分类器自适应

4.1 引言

不同书写人的手写文字风格差异给手写文字识别带来了巨大的挑战。为了应对风格差异的问题，与书写人无关的分类器必须在大量的、包含众多书写风格的数据集上进行训练。然而大数据集的收集、标定、训练是一个十分复杂的过程，并且即便是在大数据上训练得到的分类器，也依旧不能满足对某些具有特定书写风格的人的手写文字的识别性能需求。如果能充分利用一些与书写人相关的样本，就可以将分类器自适应到满足该书写人特有的书写风格，这样一个过程有望显著提升分类性能。

手写文字之间的上下文关系作为一种有效的辅助信息被成功地用来提升识别精度，如描述了文字类别之间关系的语言上下文（linguistic context）以及文字相互之间形状关系的几何上下文（spatial context）已经被广泛地使用在手写文字识别中。本章关注的重点是一种新的上下文——风格上下文（style context），即某个人特定的书写风格。风格上下文既不取决于字符的类别标号，也不取决于字符相互之间的几何关系，因此它与语言上下文、几何上下文截然不同。充分利用某一个书写人的风格上下文（即风格一致性），就可以将一个与书写人无关的分类器自适应到与书写人相关，并显著提升分类精度。分类器自适应在很多其他领域也得到了广泛研究，如语音识别中的说话者自适应[35]、自然语言处理中的领域自适应[38]、多任务学习[98]以及迁移学习[99]。在所有这些情况下，测试数据往往具有与训练数据不一样的分布，这又被称作概念漂移（concept drift）[26]。

为了在不同的数据标定（监督、非监督、半监督）情况下对不同的分类器进行自适应，本章提出一个新的框架，并称之为风格迁移映射（Style Transfer Mapping，STM）（如图4-1所示）。定义"源点集"（source point set）为书写人特有的数据，而定义"目标点集"（target point set）为与书写人无关分类器中的对应参数，STM的目标是将"源点集"映射到"目标点集"。通过对每一个书写人都进行各自的风格迁移映射，他们的数据将被投影到一个与风格无关的空间。在这个空间中，我们可以利用与书写人无关分类器对变换之后的样本进行高精度的分类。

- STM是一个书写人特有的、与类别无关的特征变换。

STM 的计算是一个凸的二次规划问题，因而具有解析解。

- STM 可以与不同的分类器结合，用于监督的、非监督的、半监督的自适应。

- 类别无关的性质使得 STM 对于解决大类别集问题非常有效，因为在大类别集下每一个书写人不可能拥有大量样本去涵盖所有的类别。

- 利用 STM 进行自适应不会影响其他未参与适应的书写人，因为 STM 并没有改变与书写人无关分类器的结构和参数。

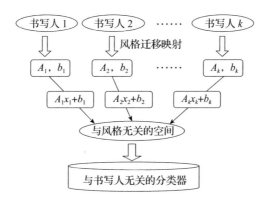

图 4-1　风格迁移映射的框架图

本章将 STM 和大类别集手写汉字识别中常用的两种分类器进行结合：学习矢量量化（Learning Vector Quantization，LVQ）[100,101] 以及修正二次判别函数（Modified Quadratic Discriminant Function，MQDF）[65]。通过在一个大规模的联机手写汉字识别数据库 CASIA-OLHWDB[67] 上进行实验，基于 STM 的书写人自适应的性能得到了充分评估。在无约束的单字和文本数据上，自适应之后的分类错误率都明显下降。

本章的安排如下：4.2 节回顾了传统的书写人自适应方法；4.3 节描述了本章提出的风格迁移映射的基本框架；4.4 节介绍了如何为 LVQ 和 MQDF 两种分类器定义"源点集"和"目标点集"；4.5 节讲述了如何为 STM 的学习进行置信度估计；4.6 节将 STM 分别用于监督的、非监督的和半监督的自适应；4.7 节展示了实验结果；4.8 节则是结论和展望。

4.2　历史回顾

依据自适应数据是否具有标签，书写人自适应的方法可以被分为监督的、非监督的以及半监督的自适应。监督的自适应得到了广泛研究，具体可以分为如下四个大的方向：

（1）增量分类器训练（incremental or online classifier learning）　在神经网络自适应中，Matic 等人[102] 提出利用一对多的线性 SVM 对一个多层神经网络的最后一层进行重新训练。Platt 和 Matic[32] 将一个基于 RBF（Radial Basis Function）神经网络的输出自适应模块放置在传统神经网络的顶端进行书写人自适应。Haddad 等人[103] 进一步将该 RBF 自适应模块用于增量的自适应。在 SVM 自适应中，Kienzle 和 Chellapilla[30]

提出一个偏移正则项（biased regularization）来防止新训练的分类器（利用书写人相关的数据）和旧分类器相去甚远。Tewari 和 Namboodiri[104] 提出一种基于 SVM 的多核学习（multiple kernel learning）方法来调整支撑向量的位置以更好地刻画某一个书写人的分类决策面。在原型（prototype）分类器自适应中，Vuori 和 Korkeakoulu[105] 提出了三种方法：增加新原型、改变旧原型和删除表现差的原型。Mouchère 等人[106] 提出利用模糊推理系统（fuzzy inference system）对原型分类器进行自适应。在贝叶斯分类器自适应中，Takebe 等人[107] 提出使用差异分布（difference distribution）来对二次判别函数（Quadratic Discriminant Function，QDF）进行自适应。Ding 和 Jin[108] 提出利用增量学习来对修正二次判别函数（Modified Quadratic Discriminant Function，MQDF）进行自适应。

（2）多分类器系统（multiple classifier system）　LaViola 和 Zeleznik[31] 提出利用 Boosting 算法来融合一个与书写人相关的分类器和一个与书写人无关的分类器来进行自适应。Aksela 和 Laaksonen[109] 提出一个两重自适应机制，即自适应分类器和自适应的融合策略，来构建用于自适应的多分类器系统。

（3）书写风格聚类（writer style clustering）　通过对不同书写人的书写风格进行聚类[29,110,111,112]，我们可以对不同的风格类别分别训练不同的分类器。当一个新书写人使用该系统时，首先找出与该书写人最匹配的风格，然后使用该风格对应的分类器进行分类和自适应。

（4）与书写人相关、与类别无关的特征变换（writer-specific class-independent feature transformation） 一个典型的例子是最大似然线性回归（Maximum Likelihood Linear Regression，MLLR）。MLLR 通过估计一个回归矩阵来最大化数据的似然，然后用 MLLR 学到的回归矩阵对 HMM（Hidden Markov Model）模型中高斯分布的均值向量进行变换，以此将 HMM 模型自适应到一个新的风格。MLLR 最早被用于说话者自适应[35]，随后也被用于书写人自适应[113,114]。另外一个例子是增量学习的线性判别分析（Incremental Learning of Fisher linear Discriminant Analysis，ILDA）[115,116]，其中 LDA 变换矩阵随着书写人的样本的增加进行增量学习，然后利用最近类均值分类器进行分类。

监督自适应需要与书写人相关的、标定好的数据，但在实际中，有些书写人往往没有标定数据。非监督的自适应仅仅利用未标记样本对分类器进行自适应。最早的非监督自适应是由 Nagy 和 Shelton[117] 在 1966 年提出的自修正学习（self-corrective learning）。非监督自适应和模式域分类[118] 非常相近。关于模式域分类会在第 5 章详细论述。具有相同书写风格的一组样本被称为一个模式域。每一个模式域内的样本具有风格一致性，它们不再是独立的。Sarkar 和 Nagy[119] 提出了一种风格混合模型（style mixture model）来限定一个模式域的分布由一系列风格混合而成，而在每一个风格下的样本是条件独立的。Veeramachaneni 和 Nagy[120,121] 提出一种基于模式域-类条件分布为高斯分布的模型。Tenenbaum 和 Freeman[122] 提出一种双线型（bilinear）模型来对风格和内容进行区分。Zhang 等人[123] 进一步提出为每一个模式域学习一个风格归一化变换（style normalized transformation），并取得了优于传统方法的性能。非监督的书写人自适应被成功地应用于很多领域，如词检索（word-spotting）[124]、手写文本识别（handwritten text recognition）[125]、文档识别（document recognition）[126] 以及整书识别（whole-book recognition）[127]。

半监督的自适应既充分利用了标记数据又利用了未标记数据，因而可以获得更好的自适应效果。近年来，半监督的自适应受到越来越多学者的关注。Frinken 和 Bunke[128] 使用自学习（self-training）的策略来对神经网络分类器进行自适应。而协同训练（co-training）[129,130] 的策略（即两个模型相互在未标记数据上给对方以指导）被用来将神经网络和 HMM 模型结合起来进行手写词识别[131]。Oudot 等人[132] 提出将监督的和自监督的策略融合起来做半监督书写人自适应。Ball 和 Srihari[133,134] 也提出使用自学习策略来对 HMM 模型进行自适应，进而用于英文和阿拉伯文档识别。Vajda 等人[135] 提出使用半监督的集成学习来减轻人工标定数据的负担。Arora 和 Namboodiri[136] 提出使用半监督的方法来训练一个 SVM 决策图（decision directed acyclic graph of SVM）以融入更多的书写风格。

上述的自适应方法都是针对特定分类器的，并且仅仅适用于监督的、非监督的或者半监督的自适应。此外，大部分书写人自适应方法不能很好地扩展到大类别集的问题上。本章提出的风格迁移映射可以和不同类型的分类器结合，并且在同一框架下处理监督的、非监督的以及半监督的自适应。在 STM 的自适应过程中，由于与书写人相关的数据可以是标定好的也可以是未标定的，并且不需要这些数据涵盖所有的类别，因此 STM 对于大类别集问题非常有效。

4.3 风格迁移映射

为了减轻不同书写人的书写风格对手写字符识别的影响，本章提出一种基于风格迁移映射的框架进行书写人自适应。通过对每一个书写人进行风格迁移映射，不同风格的数据被映射到一个统一风格空间，在这个空间中利用与书写人无关的分类器进行分类可以取得更高的性能（如图 4-1 所示）。

本章的基本假设是每一个书写人的风格一致性可以通过一个仿射变换进行建模。具体地，风格迁移映射的目的是将一个"源点集"映射到"目标点集"。假设有一个"目标点集"（target point set）：

$$T = \{ \boldsymbol{t}_i \in \mathbb{R}^d \mid i = 1, \cdots, n \} \tag{4.1}$$

由于书写过程中风格的影响，目标点集 T 被变换成了一个"源点集"（source point set）：

$$S = \{ \boldsymbol{s}_i \in \mathbb{R}^d \mid i = 1, \cdots, n \} \tag{4.2}$$

为了对这样一种变换进行建模，必须利用 S 和 T 之间的一一对应关系。假设以置信度（confidence）$f_i \in [0, 1]$ 将 $\boldsymbol{t}_i$ 转换成 $\boldsymbol{s}_i$。现在可以学习一个逆变换来将源点集 S 映射回目标点集 T。本章假设这样一种变换是仿射变换（affine transformation）。

通过利用 S 和 T 之间的对应关系来最小化匹配距离，可以学习得到风格迁移映射的参数 $\boldsymbol{A} \in \mathbb{R}^{d \times d}$ 和 $\boldsymbol{b} \in \mathbb{R}^d$：

$$\min_{\boldsymbol{A} \in \mathbb{R}^{d \times d}, \boldsymbol{b} \in \mathbb{R}^d} \sum_{i=1}^{n} f_i \| \boldsymbol{A}\boldsymbol{s}_i + \boldsymbol{b} - \boldsymbol{t}_i \|_2^2 \tag{4.3}$$

当 S 和 T 完全一致时，此时的解是 $\boldsymbol{A} = \boldsymbol{I}$ 和 $\boldsymbol{b} = 0$，其中 $\boldsymbol{I}$ 代表单位矩阵。当 S 和 T 不一致时，为了获得更好的泛化性能，本章提出一个正则项来防止过迁移（over-transfer）。具体地，这个正则项是用来限制 $\boldsymbol{A}$ 和单位矩阵的偏离程度，以及 $\boldsymbol{b}$ 和零向量的偏离程度。综合上述考虑，STM 的目标函数如下：

$$\text{STM：} \min_{\boldsymbol{A} \in \mathbb{R}^{d \times d}, \boldsymbol{b} \in \mathbb{R}^d} \sum_{i=1}^{n} f_i \| \boldsymbol{A}\boldsymbol{s}_i + \boldsymbol{b} - \boldsymbol{t}_i \|_2^2 + \beta \| \boldsymbol{A} - \boldsymbol{I} \|_F^2 + \gamma \| \boldsymbol{b} \|_2^2$$

$$\tag{4.4}$$

其中 $\|\cdot\|_F$ 是矩阵的 F 范数，而 $\|\cdot\|_2$ 是向量的 2 范数。
此时 A 和 b 的求解是一个凸的二次规划问题，具有如下解析解：

$$A = QP^{-1}, b = \frac{1}{\hat{f}}(\hat{t} - A\hat{s}) \qquad (4.5)$$

其中

$$Q = \sum_{i=1}^{n} f_i t_i s_i^{\mathrm{T}} - \frac{1}{\hat{f}}\hat{t}\hat{s}^{\mathrm{T}} + \beta I \qquad (4.6)$$

$$P = \sum_{i=1}^{n} f_i s_i s_i^{\mathrm{T}} - \frac{1}{\hat{f}}\hat{s}\hat{s}^{\mathrm{T}} + \beta I \qquad (4.7)$$

$$\hat{s} = \sum_{i=1}^{n} f_i s_i, \quad \hat{t} = \sum_{i=1}^{n} f_i t_i \qquad (4.8)$$

$$\hat{f} = \sum_{i=1}^{n} f_i + \gamma \qquad (4.9)$$

这里用 $(\cdot)^{\mathrm{T}}$ 表示一个矩阵（或向量）的转置。P 是一个对称矩阵并且多数情况下是一个正定矩阵，因此其逆矩阵 P^{-1} 可以得到有效计算。

超参数 β 和 γ 控制着迁移与非迁移之间的一个折中。当 β 和 γ 较大时会得到一个接近于单位变换的 STM（$A = I$，$b = 0$），而较小的 β 和 γ 又会导致过拟合从而降低泛化性能。考虑到数据的尺度性，本章使用如下方式来定义超参数：

$$\beta = \tilde{\beta}\frac{1}{d}\mathrm{Tr}(\sum_{i=1}^{n} f_i s_i s_i^{\mathrm{T}}), \gamma = \tilde{\gamma}\sum_{i=1}^{n} f_i \qquad (4.10)$$

其中 $\mathrm{Tr}(\cdot)$ 代表矩阵的迹。而此时新的超参数 $\tilde{\beta}$ 和 $\tilde{\gamma}$ 可以

有效地从 [0，3] 中进行选取。

4.4　源点集和目标点集

风格迁移映射的框架可以和各种各样的分类器结合用于自适应。其核心问题是如何定义源点集 S、目标点集 T 以及它们之间对应的置信度 f_i。在手写字符识别中，我们可以定义源点集为某一个书写人所特有的样本数据，而定义目标点集为分类器中所对应的一部分参数（利用与书写人无关的大量训练数据得到）。通过这种方式，分类器可以学习一个风格迁移映射，将与书写人相关的数据映射到与书写人无关的风格上来，而基分类器（basic classifier）不需要做任何调整就可以对变换之后的数据进行高精度分类。本节会详细介绍如何定义源点集以及两种分类器（LVQ 和 MQDF）的目标点集，而置信度估计将在下一节中介绍。

4.4.1　源点集

在书写人自适应的过程中会利用到一些与书写人相关的样本数据，这些数据既可以是带有标记的 $\{x_i, y_i\}_{i=1}^n$，也可以是未标记的 $\{x_i\}_{i=1}^n$，其中 $x_i \in \mathbb{R}^d$ 而 $y_i \in \{1, \cdots, M\}$（M 是类别数）。STM 学习中使用的源点集可以定义为与书写人相关的样本数据：

$$S = \{ s_i = x_i \mid i = 1, \cdots, n \} \qquad (4.11)$$

在某些情况下，特征变换 $\varphi(x) \in \mathbb{R}^{d'}$（如特征选择、维数削减、非线性映射等）会被使用在基分类器之前。例如在文献 [137] 中，学习矢量量化分类器 LVQ 是在判别特征提取（Discriminative Feature Extraction，DFE）之后的空间中进行的。在这种情况下，源点集将被定义为变换之后的数据：

$$S = \{ s_i = \varphi(x_i) \mid i = 1, \cdots, n \} \qquad (4.12)$$

在以后的章节中，本书假设特征和分类器都是在同一空间 $\mathbb{R}^d$ 中，因此使用式（4.11）来定义源点集。

4.4.2　LVQ 的目标点集

学习矢量量化（Learning Vector Quantization，LVQ）[100,101,138,139] 是一种最近原型分类器。LVQ 可以有效提升最近邻分类器的精度并降低其计算和存储复杂度。LVQ 通过判别学习为每一个类别学习多个原型：

$$m_{ij} \in \mathbb{R}^d, j = 1, \cdots, n_i, i = 1, \cdots, M \qquad (4.13)$$

其中 n_i 是类别 i 所具有的原型个数。测试样本 x 将被分到其最近原型所对应的类别中：

$$x \in \text{class arg} \min_{i=1}^{M} G_{\text{LVQ}}(x, i) \qquad (4.14)$$

其中 $G_{\text{LVQ}}(x, i)$ 是类别 i 的判别函数：

$$G_{\text{LVQ}}(x, i) = \min_{j=1}^{n_i} \| x - m_{ij} \|_2^2 \qquad (4.15)$$

LVQ 的分类决策面是分段线性的。图 4-2a 展示了一个三类问题（每类两个原型）的分类决策面（虚线）。为了学习这些原型，通常情况下必须根据决策规则（式(4.14)）定义一个损失函数，然后通过随机梯度下降最小化训练样本的损失函数。在此过程中，原型的位置将会被迭代地调整。更多关于LVQ训练的细节可以在文献[138,139]中找到。

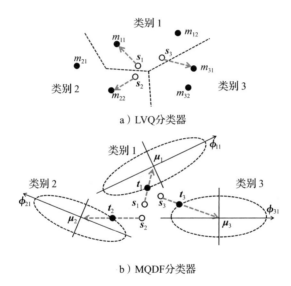

a）LVQ分类器

b）MQDF分类器

图4-2　源点集和目标点集示意图。书写人相关
数据 s_1、s_2、s_3 分别来自类别 1、2、3

定义目标点集的目的是将一个具有标签 $y \in \{1, \cdots, M\}$ 的样本 $\boldsymbol{x} \in \mathbb{R}^d$ 映射到其可以正确分类的区域中。在类别 i 中离样本 $\boldsymbol{x}$ 最近的原型可以定义如下：

$$\mathcal{N}(\boldsymbol{x},i)=\boldsymbol{m}_{ij},\text{其中}\quad j=\arg\min_{j'=1}^{n_i}\|\boldsymbol{x}-\boldsymbol{m}_{ij'}\|_2^2 \quad (4.16)$$

因此，LVQ 的目标点集可以定义为其真实类别的最近原型：

$$T_{\mathrm{LVQ}}(\boldsymbol{x},y)=\mathcal{N}(\boldsymbol{x},y) \quad (4.17)$$

图 4-2a 展示了三个源点集所对应的目标点集。通过这种方式，LVQ 分类器可以学习一个 STM，将源点集映射到目标点集，因此可以充分利用特定书写人的风格一致性来显著提升分类性能。

4.4.3 MQDF 的目标点集

由 Kimura 等人[65] 提出的修正二次判别函数（Modified Quadratic Discriminant Function，MQDF）在过去的 25 年中一直是手写汉字识别中性能最好的分类器之一。尽管有很多改进的方法（如判别学习[70] 和存储削减[86]）被相继提出，本章只考虑原始的 MQDF[65]，因为改进之后的模型具有和原始 MQDF 相同的自适应机制。

在贝叶斯决策中，当假设类条件概率分布为高斯，并且在等先验的情况下，决策函数将是一个二次判别函数（Quadratic Discriminant Function，QDF）：

$$G_{\mathrm{QDF}}(\boldsymbol{x},i)=(\boldsymbol{x}-\boldsymbol{\mu}_i)^{\mathrm{T}}\sum_i^{-1}(\boldsymbol{x}-\boldsymbol{\mu}_i)+\log|\boldsymbol{\Sigma}_i| \quad (4.18)$$

其中 $\boldsymbol{\mu}_i\in\mathbb{R}^d$ 和 $\boldsymbol{\Sigma}_i\in\mathbb{R}^{d\times d}$ 代表类别 i 的均值向量和协方差矩阵。协方差矩阵可以进一步被对角化成 $\boldsymbol{\Sigma}_i=\boldsymbol{\Phi}_i\boldsymbol{\Lambda}_i\boldsymbol{\Phi}_i^{\mathrm{T}}$，其中

$\boldsymbol{\Lambda}_i = \mathrm{diag}[\lambda_{i1}, \cdots, \lambda_{id}]$，$\lambda_{ij}(j = 1, \cdots, d)$ 代表按非递增顺序排列的特征值，而 $\boldsymbol{\Phi}_i = [\boldsymbol{\phi}_{i1}, \cdots, \boldsymbol{\phi}_{id}]$，$\boldsymbol{\phi}_{ij}(j = 1, \cdots, d)$ 为其对应的特征向量。MQDF 将较小的特征值 $\lambda_{ij}(j>k)$ 替换成一个常数 δ_i 来改善 QDF 的泛化性能：

$$G_{\mathrm{MQDF}}(\boldsymbol{x}, i) = \sum_{j=1}^{k} \left(\frac{1}{\lambda_{ij}} - \frac{1}{\delta_i} \right) [\boldsymbol{\phi}_{ij}^{\mathrm{T}}(\boldsymbol{x} - \boldsymbol{\mu}_i)]^2$$
$$+ \frac{1}{\delta_i} \| \boldsymbol{x} - \boldsymbol{\mu}_i \|_2^2 + \sum_{j=1}^{k} \log\lambda_{ij} + (d - k)\log\delta_i$$

$$(4.19)$$

其中 k 代表主成分的个数，δ_i 一般被设置成与类别无关并且通过交叉验证选取得到。MQDF 的决策规则如下：

$$\boldsymbol{x} \in \mathrm{class} \ \arg \min_{i=1}^{M} G_{\mathrm{MQDF}}(\boldsymbol{x}, i) \qquad (4.20)$$

将一个样本 $\boldsymbol{x}$ 投影到类别 i 的马氏距离等高面上的过程可以计算如下：

$$\mathcal{P}(\boldsymbol{x}, i) = \boldsymbol{\mu}_i + (\boldsymbol{x} - \boldsymbol{\mu}_i) \times \min \left\{ 1, \frac{\rho}{d(\boldsymbol{x}, i)} \right\} \qquad (4.21)$$

其中 $d(\boldsymbol{x}, i) = \sqrt{(\boldsymbol{x} - \boldsymbol{\mu}_i)^{\mathrm{T}} \sum_i^{-1} (\boldsymbol{x} - \boldsymbol{\mu}_i)}$ 是样本 $\boldsymbol{x}$ 到类别 i 的马氏距离，而 $d^2(\boldsymbol{x}, i)$ 等于式(4.19) 中的前两项之和。超参数 $\rho \geqslant 0$ 是为了限制投影点不至于过分偏离类均值：$d(\mathcal{P}(\boldsymbol{x}, i), i) \leqslant \rho$。

投影点 $\mathcal{P}(\boldsymbol{x}, i)$ 位于类别 i 的高概率区域并且离 $\boldsymbol{x}$ 较近，因此，MQDF 用于 STM 学习的目标点集可以定义为到真实类别的投影点：

$$T_{\text{MQDF}}(\boldsymbol{x},y) = \mathcal{P}(\boldsymbol{x},y) \tag{4.22}$$

图 4-2b 展示了一个三类问题，每类具有一个主特征向量的 MQDF 分类器所对应的源点集和目标点集。由于书写风格的多样性，某些书写人的源点集可能离它们的真实类别较远。通过目标点集的定义和风格迁移映射，MQDF 分类器可以把这些点映射到它们真实类别的高概率区域，因此可以显著提升该书写人的分类精度。

4.5　置信度估计

在风格迁移映射中，源点集和目标点集之间的置信度也是一个很重要的因素。如果数据是带有标签的，例如 $\{\boldsymbol{x}, y\}$，那么 $\boldsymbol{x}$ 和 $T(\boldsymbol{x}, y)$（$T_{\text{LVQ}}(\boldsymbol{x}, y)$ 或者 $T_{\text{MQDF}}(\boldsymbol{x}, y)$）之间的置信度可以被设置成 1，因为该数据的标签由书写人给出，具有很高的可信度。在数据没有标记的情况下，本节使用自学习（self-training）的策略来对标签和 STM 进行轮替学习。换言之，对于未标记样本 $\boldsymbol{x}$，首先利用基分类器去预测其标签 $\hat{y}$，然后学习一个 STM 将 $\boldsymbol{x}$ 映射到 $T(\boldsymbol{x}, \hat{y})$。因为此时的标签是由基分类器给出的，所以并不一定正确，因而很有必要去估计 $\boldsymbol{x}$ 和 $T(\boldsymbol{x}, \hat{y})$ 之间的置信度。

为了进行置信度估计，本节考虑 top-2 输出。给定样本 $\boldsymbol{x}$，其预测标签 $\hat{y}$ 是：

$$\hat{y} = \arg \min_{i=1}^{M} G(\boldsymbol{x}, i) \qquad (4.23)$$

其中 $G(\boldsymbol{x}, i)$ 既可以是式（4.15），也可以是式（4.19），$G(\boldsymbol{x}, i)$ 反映了 $\boldsymbol{x}$ 和类别 i 之间的距离度量。定义 top-1 输出为 $\boldsymbol{x}$ 和其预测类别 $\hat{y}$ 之间的距离，而 top-2 输出为最具有竞争力的其他类别的距离：

$$d_1(\boldsymbol{x}) = G(\boldsymbol{x}, \hat{y}), \quad d_2(\boldsymbol{x}) = \min_{i \neq \hat{y}} G(\boldsymbol{x}, i) \qquad (4.24)$$

LVQ 分类器（每类一个原型）所对应的 d_1、d_2 空间中的样本分布被显示在图 4-3 中。从图中容易发现 $d_2(\boldsymbol{x}) \geqslant d_1(\boldsymbol{x})$，并且 top-1 输出和 top-2 输出之间的差异性 $d_2(\boldsymbol{x}) - d_1(\boldsymbol{x})$ 体现了分类结果的可靠程度。因此置信度的估计公式可以定义为：

$$F(\boldsymbol{x}) = \psi(d_2(\boldsymbol{x}) - d_1(\boldsymbol{x})) \qquad (4.25)$$

其中 $\psi(\cdot) \in [0, 1]$ 是一个单调递增函数，例如 sigmoidal 函数 $\psi(\boldsymbol{x}) = \dfrac{1}{1 + \exp(\alpha \boldsymbol{x} + \beta)} (\alpha < 0)$ [140]。本章并未固定 ψ 的具体形式，而是使用了一种非参数的方法从训练数据中估计置信度。

给定一个标记好的训练数据 $\{\boldsymbol{x}_i, y_i\}_{i=1}^{n}$，用 $\hat{y}_i$ 来表示某一个分类器对 $\boldsymbol{x}_i$ 给出的标签预测，而 top-1 输出和 top-2 输出之间的差记作 $\epsilon_i = d_2(\boldsymbol{x}_i) - d_1(\boldsymbol{x}_i)$。令 $d_{\min} = \min\{\epsilon_1, \cdots, \epsilon_n\}$，$d_{\max} = \max\{\epsilon_1, \cdots, \epsilon_n\}$。本章将区间 $[d_{\min}, d_{\max}]$ 划分成 k 个子区间，并且估计每一个子区间中正确分类的频率：

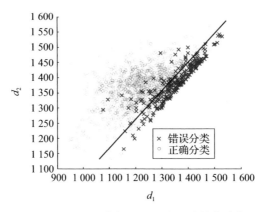

图 4-3 LVQ 所对应 d_1、d_2 空间的样本分布

$$f_j = \frac{\sum\limits_{i=1}^{n} \mathbb{I}(\boldsymbol{\epsilon}_i \in \text{bin } j \text{ 且 } \hat{y}_i = y_i)}{\sum\limits_{i=1}^{n} \mathbb{I}(\boldsymbol{\epsilon}_i \in \text{bin } j)} \qquad (4.26)$$

其中 $\mathbb{I}(\,\cdot\,)$ 当括号中的条件为真时等于 1，而当括号中的条件为假时等于 0。这样将会得到一个频率直方图 $f_1, f_2, \cdots, f_k$ 来表示每一个子区间的置信度。因为 top-1 输出和 top-2 输出的差异性越大，置信度也应该越大，所以必须利用另一个满足 $p_1 \leqslant p_2 \leqslant \cdots \leqslant p_k$ 的直方图 $p_1, p_2, \cdots, p_k$ 来对 $f_1, f_2, \cdots, f_k$ 进行逼近（等分回归（isotonic regression）[141]）。

$$\min_{p_1, \cdots, p_k} \sum_{i=1}^{k} (p_i - f_i)^2 \quad \text{满足} \quad 0 \leqslant p_1 \leqslant \cdots \leqslant p_k \leqslant 1$$

$$(4.27)$$

这是一个凸的二次规划问题,可以有效求解。当估计得到 $d_{\min}$、$d_{\max}$ 和 p_1,p_2,$\cdots$,p_k 之后,样本 $\boldsymbol{x}$ 的置信度可以定义如下:

$$F(\boldsymbol{x}) = \begin{cases} p_1, & \text{如果} \quad d_2(\boldsymbol{x}) - d_1(\boldsymbol{x}) \leqslant d_{\min} \\ p_k, & \text{如果} \quad d_2(\boldsymbol{x}) - d_1(\boldsymbol{x}) \geqslant d_{\max} \quad (4.28) \\ p_j, & \text{如果} \quad d_2(\boldsymbol{x}) - d_1(\boldsymbol{x}) \in \text{bin } j \end{cases}$$

4.6　分类器自适应

依据自适应数据是否具有标签,风格迁移映射的框架可以用于监督的、非监督的以及半监督的自适应。为了更好地描述这些自适应方法的流程,本章使用 $G(\boldsymbol{x}, k)$ 来表示 $G_{\text{LVQ}}(\boldsymbol{x}, k)$(式(4.15))或者 $G_{\text{MQDF}}(\boldsymbol{x}, k)$(式(4.19)),$G(\boldsymbol{x}, k)$ 代表样本 $\boldsymbol{x}$ 和类别 k 之间的距离度量。目标点集函数用 $T(\boldsymbol{x}, y)$ 表示,其既可以代表 $T_{\text{LVQ}}(\boldsymbol{x}, y)$(式(4.17))又可以代表 $T_{\text{MQDF}}(\boldsymbol{x}, y)$(式(4.22))。置信度函数是 $F(\boldsymbol{x})$(式(4.28))。

4.6.1　监督的自适应

监督的自适应使用来自特定书写人的标记样本 $\{\boldsymbol{x}_i, y_i\}_{i=1}^n$ 来对分类器进行自适应。具体地,放到风格迁移映射的框架中来,本章通过学习一个 STM 来将源点集 $\boldsymbol{x}_i$ 映射到

目标点集 $T(x_i, y_i)$，而它们之间对应的置信度被设置成 $f_i = 1$，这是因为在监督的情况下样本标号的可信度很高。当学习得到 STM 参数 $\{A, b\}$ 之后，此书写人的样本将被按如下规则分类：

$$x \in \text{class arg} \min_{k=1}^{M} G(Ax+b, k) \qquad (4.29)$$

关于监督 STM 学习的所有流程被罗列在算法 1 中。从算法 1 中可以发现自适应的速度会非常快，并且不需要大量的标记样本来涵盖所有的类别，因为 $\{A, b\}$ 是与类别无关的，而变换之后的特征会把 STM 的影响传播到所有类别。此外，基于 STM 的自适应不会影响其他未适应的用户，因为基分类器的结构和参数并没有发生变化。对于未适应的用户可以直接使用 $A = I$，$b = 0$。为了评估监督自适应的效果，我们必须使用该书写人的另外一批样本来评估自适应后的决策规则（式(4.29)）。

算法 1　监督 STM

输入：
　　来自特定书写人的标记样本 $\{x_i, y_i\}_{i=1}^{n}$
　　与书写人无关的分类器 $G(x, k)$
　　目标函数 $T(x, y)$
　　超参数 β, γ
1：**for** $i = 1$ to n **do**
2：　　源 $s_i = x_i$
3：　　目标 $t_i = T(x_i, y_i)$
4：　　置信度 $f_i = 1$
5：**end for**

6：使用 $\{s_i, t_i, f_i\}_{i=1}^{n}$ 学习 STM $\{A, b\}$

输出：A, b

测试：$x \in \text{class arg } \min\limits_{k=1}^{M} G(Ax + b, k)$

4.6.2　非监督的自适应

在某些情况下，对于某些特定的书写人，不可能采集到带标记的样本，但是可以很轻易地采集到一些未标记样本 $\{x_i\}_{i=1}^{n}$，例如某人书写的一段话。利用未标记样本进行自适应的过程称为非监督的自适应。

本小节使用自学习（self-training）的策略同时预测未标记样本的标签以及 STM 参数。初始化 STM 为 $A = I$ 和 $b = 0$，每一个样本的标签可以被估计为：

$$\hat{y}_i = \arg \min\limits_{k=1}^{M} G(Ax_i + b, k) \tag{4.30}$$

在此之后可以学习一个 STM 将 x_i 映射到 $T(x_i, \hat{y}_i)$，而其对应的置信度用 $F(Ax_i + b)$ 计算得到。一旦得到了新的 STM 参数 $\{A, b\}$，样本将根据式（4.30）进行重新分类。通过这种方式可以得到比初始分类更高的精度，因为新的 STM 包含了该书写人的风格信息。该过程将重复进行直到收敛或者超过一个预定的迭代次数。最后算法的输出将是这些未标记样本的标签 $\hat{y}_i$，$\forall i = 1, \cdots, n$。算法 2 展示了非监督自适应的所有流程。因为自适应是直接在测试数据上进行的（比较像直推学习（transductive learning）），可以获得更直接和精确的风格信息，所以非监督的自适应可以显著提升分类性能。

算法2　非监督 STM

输入：
　来自特定书写人的未标记样本 $\{\boldsymbol{x}_i\}_{i=1}^n$
　与书写人无关的分类器 $G(\boldsymbol{x},k)$
　目标函数 $T(\boldsymbol{x},y)$
　置信度函数 $F(\boldsymbol{x})$
　超参数 $\beta,\gamma,\text{iterNum}$
1：自学习：初始化 $\boldsymbol{A}=\boldsymbol{I},\boldsymbol{b}=0$
2：**for** iter $= 1$ to iterNum **do**
3：　　**for** $i=1$ to n **do**
4：　　　　源 $\boldsymbol{s}_i=\boldsymbol{x}_i$
5：　　　　预测 $\hat{y}_i=\arg\min\limits_{k=1}^{M} G(\boldsymbol{A}\boldsymbol{x}_i+\boldsymbol{b},k)$
6：　　　　目标 $\boldsymbol{t}_i=T(\boldsymbol{x}_i,\hat{y}_i)$
7：　　　　置信度 $f_i=F(\boldsymbol{A}\boldsymbol{x}_i+\boldsymbol{b})$
8：　　**end for**
9：　　使用 $\{\boldsymbol{s}_i,\boldsymbol{t}_i,f_i\}_{i=1}^n$ 学习 STM $\{\boldsymbol{A},\boldsymbol{b}\}$
10：**end for**
输出： 预测的标签 $\hat{y}_i,i=1,\cdots,n$

4.6.3　半监督的自适应

当某个书写人既拥有标记数据 $\{\boldsymbol{x}_i,y_i\}_{i=1}^n$ 又拥有未标记数据 $\{\boldsymbol{x}_i\}_{i=n+1}^u$ 时，此时的自适应被称作半监督的自适应。对于未标记样本，本小节依旧使用自学习的策略，而对于标记样本，本小节对其采用了双重机制。

首先使用标记样本 $\{\boldsymbol{x}_i,y_i\}_{i=1}^n$ 通过监督的 STM 学习

（算法 1）得到一个初始的 STM 模型 $\{A_0, b_0\}$。然后所有的样本都被初始的 STM 变换：$A_0 x_i + b_0 \rightsquigarrow x_i$，$\forall i = 1, \cdots, u$。所有变换之后的样本被用在自学习的框架中进行自适应。这样一个过程和非监督的自适应几乎一样，但有一点区别：带标记样本的置信度被设置成 $f_i = \alpha$，$\forall i = 1, \cdots, n$，而 $0 \leqslant \alpha \leqslant 1$ 是一个用于平衡带标记样本影响的超参数，因为它们已经被用于学习一个初始的 STM 模型 $\{A_0, b_0\}$。带标记样本的标签已经知道，它们的目标点集和置信度都是固定的，因而放在自学习的循环外面。算法 3 展示了半监督自适应的整体流程。

算法 3　半监督 STM

输入：

 来自特定书写人的标记样本 $\{x_i, y_i\}_{i=1}^{n}$

 来自特定书写人的未标记样本 $\{x_i\}_{i=n+1}^{u}$

 与书写人无关的分类器 $G(x, k)$

 目标函数 $T(x, y)$

 置信度函数 $F(x)$

 超参数 α, β, γ, iterNum

1：使用 $\{x_i, y_i\}_{i=1}^{n}$ 学习一个监督的 STM $\{A_0, b_0\}$

2：根据 $\{A_0, b_0\}$ 进行转换：$A_0 x_i + b_0 \rightsquigarrow x_i$，$\forall i = 1, \cdots, u$

3：**for** $i = 1$ to n **do**

4： 源 $s_i = x_i$　目标 $t_i = T(x_i, y_i)$

5： 置信度 $f_i = \alpha$

6：**end for**

7：自学习：初始化 $A = I$, $b = 0$

8：**for** iter $= 1$ to iterNum **do**

9： **for** $i = n + 1$ to u **do**

10： 源 $s_i = x_i$

11： 预测 $\hat{y}_i = \arg \min_{k=1}^{M} G(Ax_i + b, k)$

12： 目标 $t_i = T(x_i, \hat{y}_i)$

13： 置信度 $f_i = F(Ax_i + b)$

14： **end for**

15： 使用 $\{s_i, t_i, f_i\}_{i=1}^{u}$ 学习 STM $\{A, b\}$

16： **end for**

输出：预测的标签 $\hat{y}_i, i = n + 1, \cdots, u$

在半监督自适应的过程中，带标记的数据首先被用来学习一个初始的 STM 模型 $\{A_0, b_0\}$。此后所有的经初始 STM 变换之后的样本又被用来学习一个新的 STM 模型 $\{A, b\}$，因此总的 STM 模型是 $\{AA_0, Ab_0 + b\}$，这样既充分利用了带标记样本又利用了未标记样本。所以半监督自适应可以取得优于监督自适应和非监督自适应的性能。

4.7 实验结果

本节利用一个大规模无约束的联机汉字识别数据库 CASIA-OLHWDB[79] 对书写人自适应地进行评估。具体地，两种分类器（LVQ 和 MQDF）在风格迁移映射的框架下分别进行监督的、非监督的以及半监督的自适应。自适应的过程既利用了单字数据又利用了文本数据。

4.7.1 数据库

CASIA-OLHWDB 数据库既包含了单字数据又包含了无约

束的文本数据。本节利用 300 个书写人（1001～1300 号）的数据进行实验。每一个书写人都有一套单字样本（GB2312—80 一级汉字中的 3 755 个类别，每个类别至多一个样本）存放于 OLHWDB 1.1 中，有若干页面的手写文本数据存放于 OLHWDB 2.1 中。本节不考虑字符切分的问题，可以直接利用数据库中的标定信息从文本数据中提取出单字样本。每一个书写人拥有最多 5 个页面的文本数据，包含了大约 1 200 个字符样本。本节使用的数据库不仅在不同的书写人之间具有风格差异，在同一个书写人的单字样本和文本样本之间也有显著的风格差异，因为文本数据的书写过程更加潦草。图 4-4 展示了三个书写人的文本数据。

| 书写人1258 | 书写人1289 | 书写人1242 |

图 4-4　三个书写人的文本数据

本节使用 iso_i 来表示单字数据，$text_i$ 表示文本数据，其中 $i = 1001, \cdots, 1300$ 是书写人的编号。对于每一个书写人，iso_i 中有大约 3 755 个样本，$text_i$ 中有大约 1 200 个样本。为了描述每一个样本，本节使用文献［95］中的特征提取方法：结合了伪二维矩归一化（Pseudo 2D Bi-Moment Normalization，P2DBMN）的 8 方向直方图特征。本节同时也对联机字符中

的虚拟笔画以 0.5 的权重提取特征[96]。特征的维度是 512
维，然后使用 FDA 降维到 160 维。

本节考虑一个大类别集的汉字识别问题。在自适应过程
中，每一个书写人所拥有的样本数要少于类别数，这在大类
别集汉字识别中很常见，同时也使得自适应问题变得更加具
有挑战性。

4.7.2　实验设置

本节利用 240 个人的单字数据 $iso_{1001}, \cdots, iso_{1240}$ 来训练分
类器 LVQ 和 MQDF。对于 LVQ 分类器，本节使用 LOGM
（Log-likelihood of Margin）[138] 学习准则；对于 MQDF[65] 分类
器，本节将较小的特征值设计成一个与类别无关的常数并通
过交叉验证进行选取。置信度估计（见 4.5 节）是在
$text_{1001}, \cdots, text_{1240}$ 数据上进行的。书写人自适应的实验则在
剩余的 60 人的单字数据和文本数据上展开：$iso_{1241}, \cdots, iso_{1300}$
和 $text_{1241}, \cdots, text_{1300}$。

对于每一个书写人 $i = 1241, \cdots, 1300$，本节将其单字数据
随机划分成两份相等的子集 iso_i^1 和 iso_i^2。通过这种方式，iso_i^1
和 iso_i^2 中的数据来自截然不同的类别，因为在 iso_i 中，每类
最多只有一个样本。表 4-1 罗列了用于监督的、非监督的以
及半监督的自适应的数据集。对于不同的自适应方法，其测
试数据集都是一样的，因而它们可以进行公平比较。在接下

来的章节中，本书不仅考虑了"分类错误率"，还考虑了"错误下降率"（error reduction rate）：

$$错误下降率 = \frac{\text{Error}_{\text{initial}} - \text{Error}_{\text{adapted}}}{\text{Error}_{\text{initial}}} \quad (4.31)$$

表 4-1　第 i 个书写人的自适应和测试样本

数据类型	自适应数据集			测试数据集
	监督	非监督	半监督	
单字数据	iso_i^1	iso_i^2（无标签）	iso_i^1 iso_i^2（无标签）	iso_i^2
文本数据	iso_i	text_i（无标签）	iso_i text_i（无标签）	text_i

对于自适应中的 60 个书写人，本节对他们采取相同的超参数设定。STM 学习（式（4.4））中的正则化参数 β 和 γ 被按照式（4.10）设定，而表 4-2 展示了不同实验设定情况下的 $\tilde{\beta}$ 和 $\tilde{\gamma}$。算法 2 和算法 3 中的自学习（self-training）的迭代次数被设置成 5。MQDF 目标点集（式（4.21））中的超参数是 $\rho = 0.1$。带标记样本在半监督自适应（算法 3）中的置信度是 $\alpha = 0.5$。对这些超参数的分析将会在 4.7.7 节中展开。

表 4-2　不同实验设置下 $\tilde{\beta}$ 和 $\tilde{\gamma}$ 的取值

$\tilde{\gamma} = 0$	监督	非监督	半监督
单字数据	$\tilde{\beta} = 2.5$	$\tilde{\beta} = 0.5$	$\tilde{\beta} = 0.3$
文本数据	$\tilde{\beta} = 1$	$\tilde{\beta} = 0.2$	$\tilde{\beta} = 0.1$

4.7.3　LVQ 自适应

本小节首先对每类拥有一个原型 LVQ 分类器（记作 LVQ(1)）的自适应结果进行评估，然后对监督的、非监督的、半监督的自适应进行比较，最后展示了多原型下 LVQ 的自适应效果。

1. 整体性能

表 4-3 展示了 LVQ(1) 分类器自适应之后 11 个具有代表性的书写人的错误率以及 60 个书写人的平均错误率。这 11 个代表性书写人的选取标准是尽可能地覆盖初始错误率的各个区间段。表中的第 2 到第 6 列反映了分类器在单字数据上的自适应结果，而第 7 到第 11 列反映了分类器在文本数据上的自适应结果。其中"Initial"代表了初始错误率，而"S""U"和"Semi"分别代表了在监督的、非监督的以及半监督的自适应之后的结果。"Reduction"代表了"Semi"相对于"Initial"的错误下降率。图 4-5 也展示了对 60 个书写人自适应之后错误率变化的图形比较。

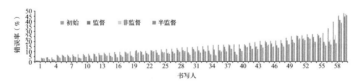

图 4-5　在文本数据上，不同模型在 LVQ(1) 分类器上的错误率。
　　　　此处 60 个书写人按照初始错误率递增的顺序排列（见彩插）

表 4-3　不同自适应模型在 LVQ(1) 下的分类错误率（%）

书写人编号	单字数据					文本数据				
	Initial	S	U	Semi	Reduction	Initial	S	U	Semi	Reduction
1241	5.54	4.15	3.73	3.25	41.34	10.30	5.93	5.93	4.47	56.60
1242	44.47	41.53	44.20	43.83	1.44	45.41	40.94	41.23	38.30	15.66
1243	7.70	5.62	4.92	4.55	40.91	7.22	5.68	4.62	4.30	40.44
1251	3.84	2.94	2.78	2.83	26.30	7.49	3.86	4.02	3.24	56.74
1258	2.89	1.82	1.61	1.66	42.56	4.40	2.42	2.20	1.76	60.00
1259	10.87	8.94	8.46	8.30	23.64	28.20	19.53	18.69	15.82	43.90
1261	30.95	22.31	21.18	18.36	40.68	39.39	21.63	26.35	18.18	53.85
1264	9.17	7.46	6.72	6.18	32.61	14.36	9.18	8.16	6.63	53.83
1277	15.00	12.49	12.07	12.12	19.20	16.99	9.76	7.89	6.75	60.27
1289	27.18	21.04	19.81	17.94	34.00	32.94	19.61	21.43	16.76	49.12
1299	6.85	5.78	5.89	5.89	14.01	9.72	7.38	4.78	4.27	56.07
平均错误率（60个书写人）	10.36	9.17	9.05	8.95	13.61	16.18	13.07	11.84	11.01	31.95

2. 单字与文本

如表 4-3 所示，在 STM 自适应之后，60 个书写人的平均错误率如下：①在单字数据上，从 10.36%（初始）分别降低到 9.17%（监督）、9.05%（非监督）以及 8.95%（半监督）；②在文本数据上，从 16.18%（初始）分别降低到 13.07%（监督）、11.84%（非监督）以及 11.01%（半监督）。注意到在单字数据的实验中，每个书写人的具有标记的样本数仅仅是类别数的一半，而在文本数据的实验中，每个人、每个类别至多拥有一个标记样本。尽管自适应数据严重不足，自适应之后错误率的下降仍旧比较显著。在单字数据和文本数据上的错误下降率比较如表 4-4 所示。可以发现：在文本数据上的自适应要比在单字数据上的自适应取得更多的性能提升，这是因为文本数据书写更加潦草、自然，拥有更多的风格信息。

表 4-4　单字数据和文本数据上的错误下降率

数据类型	监督	非监督	半监督
单字数据	11.49%	12.64%	13.61%
文本数据	19.22%	26.82%	31.95%

3. 不同自适应模型的比较

我们将 60 个书写人按照初始错误率划分成不同的组，然后比较每一组中的错误下降率情况。从表 4-5 中可以发现：半监督的自适应取得了最好的结果，而非监督的自适应要优于监督的自适应。这也验证了直接在测试数据上进行自适应可以获得更好的分类性能。对于初始错误率不是太高（<30%）

的书写人，非监督的自适应要比监督的自适应好。但是对于初始错误率超过 30% 的书写人，非监督的自适应要弱于监督的自适应。这表明较低的初始错误率是非监督自适应成功的前提，因为自学习依赖于初始分类的结果。

表 4-5　不同分组情况下的错误下降率

初始	书写人编号	监督	非监督	半监督
[0, 10]	18	22.12%	35.08%	40.45%
[10, 15]	13	19.46%	29.56%	32.52%
[15, 20]	12	22.50%	33.26%	39.89%
[20, 25]	6	14.47%	26.10%	28.33%
[25, 30]	7	12.76%	20.31%	22.85%
>30	4	23.59%	17.74%	28.17%

4. 多原型的性能

我们评估了每类两个原型的 LVQ 分类器（记作 LVQ(2)）的自适应结果。LVQ(2) 和 LVQ(1) 的比较结果如图 4-6 所示。可以发现：LVQ(2) 相比于 LVQ(1) 拥有更低的初始错误率，因此，在监督、非监督、半监督自适应之后也获得了更低的分类错误率。对于 LVQ(2)，STM 自适应依旧取得了显著的性能提升，并且半监督自适应再次优于监督自适应和非监督自适应。

4.7.4　MQDF 自适应

本小节首先评估了每类 10 个主特征向量的 MQDF 分类器（记作 MQDF(10)）的自适应结果，然后比较了取不同主

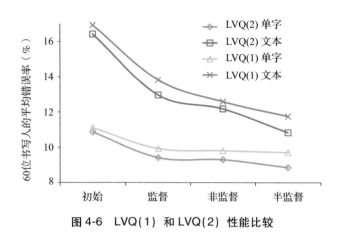

图 4-6   LVQ（1）和 LVQ（2）性能比较

特征向量个数时的结果变化，最后展示了将 MQDF 和 LVQ 结合起来做自适应的结果。

1. 整体性能

表 4-6 展示了 MQDF（10）自适应之后 11 个代表性书写人以及 60 个书写人的平均错误率。对 60 个书写人的图形比较如图 4-7 所示。MQDF 是大类别集汉字识别中性能最好的分类器之一。MQDF（10）的初始错误率比 LVQ（1）要低很多，尽管如此，MQDF（10）在自适应之后依然取得了显著的性能提升，例如半监督自适应在单字数据上取得了15.49%的错误下降率，在文本数据上取得了25.00%的错误下降率，而监督自适应和非监督自适应也取得了不小的错误下降率。

表4-6 不同自适应模型在MQDF（10）下的分类错误率（%）

书写人编号	单字数据					文本数据				
	Initial	S	U	Semi	Reduction	Initial	S	U	Semi	Reduction
1241	3.19	2.45	1.97	1.76	44.83	7.00	3.89	3.50	3.30	52.86
1242	39.18	35.54	37.47	36.34	7.25	40.35	37.56	37.56	37.49	7.09
1243	4.55	3.85	3.69	3.58	21.32	5.60	4.54	4.95	4.38	21.79
1251	3.26	2.51	2.24	2.40	26.38	4.48	3.40	3.17	3.32	25.89
1258	1.88	1.77	1.50	1.45	22.87	2.86	1.54	1.54	1.32	53.85
1259	7.49	6.37	6.37	6.26	16.42	20.88	17.34	15.40	15.07	27.83
1261	21.99	18.20	16.06	15.80	28.15	27.69	18.27	16.33	14.23	48.61
1264	7.68	6.66	6.24	5.92	22.92	10.57	8.31	8.02	7.07	33.11
1277	11.37	9.61	9.02	9.08	20.14	10.49	7.97	5.53	5.61	46.52
1289	18.26	15.70	14.84	14.90	18.40	20.63	15.52	13.70	13.63	33.93
1299	5.67	5.30	4.98	4.82	14.99	6.96	5.78	4.86	4.61	33.76
平均错误率（60位书写人）	8.33	7.38	7.11	7.04	15.49	12.60	10.59	9.61	9.45	25.00

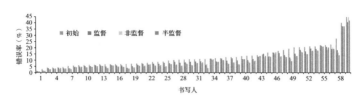

图 4-7　在文本数据上，不同模型在 MQDF(10) 分类器上的
错误率。此处 60 个书写人按照初始错误率递增的顺
序排列（见彩插）

2. 不同主特征向量个数的影响

MQDF 分类器（式(4.19)）中的主特征向量个数 k 体现了分类精度和存储要求之间的一个折中。我们对不同的主特征向量个数 $k = 10$，30，50（分别记作 MQDF(10)、MQDF(30)、MQDF(50)）下的自适应结果进行了评估。图 4-8 展示了比较结果。可以发现：MQDF(50) 和 MQDF(30) 的初始错误率要比 MQDF(10) 低，但是在自适应之后它们的结果要比自适应之后的 MQDF(10) 差。为了解释这个现象，我们提出两个猜想。首先，弱分类器在自适应的过程中可以得到更多的提升，因为弱分类器更容易让 STM 来调整其分界面。这相当于一个什么都不会的人更容易接受改变从而学习新鲜事物，而一个某行业的专家可能会有根深蒂固的思想而很难被改变。其次，STM 的目标准则（式(4.4)）是最小化源点集和目标点集之间的欧式距离，但是在 MQDF（式(4.19)）中每一个类的决策函数随着 k 的增大逐渐由欧式距离变成了马氏距离。因此，STM 的自适应性能并没有随着 k 的增加而提升。从这一点出发，我

们其实可以考虑最小化源点集和目标点集之间的马氏距离，但这样一个优化问题会变得更加复杂且在实际中不可行[123]。

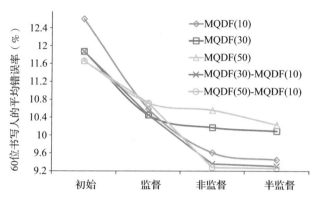

图 4-8　不同主特征向量个数下 MQDF 的自适应结果

　　为了将强分类器（k 较大）的低初始错误率和弱分类器（k 较小）的强自适应能力结合，我们提出了另外两种方法，即 MQDF(30)-MQDF(10) 和 MQDF(50)-MQDF(10)，换言之，在 STM 学习中用 MQDF(30) 和 MQDF(50) 来做初始化，然后对变换之后的样本用 MQDF(10) 分类。这两种方法的实验结果也被展示在图 4-8 中。可以发现，通过这种策略，MQDF(30)-MQDF(10) 和 MQDF(50)-MQDF(10) 可以进一步降低非监督和半监督自适应之后的错误率。这表明利用强分类器来初始化弱分类器的自适应是一个很好的选择。

3. 结合 MQDF 的 LVQ 自适应

　　此处考虑利用 MQDF 的低初始错误率来提升 LVQ 的自适

应性能。因为低的初始错误率对于非监督自适应非常重要（见 4.7.3 节 3.），所以我们使用 MQDF(50) 来初始化 LVQ(1) 的非监督自适应，换言之，在算法 2 的自学习框架中，第一轮的初始标签预测由 MQDF(50) 给出，然后其他步骤和传统的 LVQ(1) 非监督自适应一样。图 4-9 展示了这种策略的结果。可以发现，通过使用 MQDF(50) 做初始化，LVQ(1) 在自适应之后的错误率要明显低于没有用 MQDF(50) 做初始化的结果。这表明如果能降低初始分类的错误率，非监督自适应的性能可以得到大幅提升。结合 MQDF 的 LVQ 自适应具有重要的应用价值，因为实际中 LVQ 的速度和存储性能都要优于 MQDF，而结合 MQDF 的 LVQ 自适应可以进一步提升 LVQ 的精度。

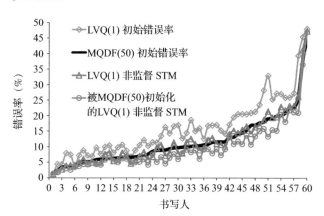

图 4-9　结合 MQDF 的 LVQ 自适应。此处 60 个书写人按照 MQDF(50) 初始错误率递增的顺序排列

4.7.5　置信度估计的影响

风格迁移映射中源点集 s_i 和目标点集 t_i 之间的置信度 f_i 对于非监督和半监督（算法2和算法3）自适应非常重要。本小节对置信度估计的预测能力及其在自适应中所起的作用进行评估。

在本章的实验中，置信度估计是在数据 $\text{text}_{1001}, \cdots, \text{text}_{1240}$ 上进行的（置信度区间划分成 50 份）。本小节利用数据 $\text{text}_{1241}, \cdots, \text{text}_{1300}$ 对基于式（4.28）的置信度预测能力进行评估。表 4-7 展示了评估结果，其中"total"代表了所有样本的平均置信度，"wrong"代表了所有错误分类样本的平均置信度，"correct"代表了所有正确分类样本的平均置信度。可以发现：所有样本的平均置信度和分类器的分类精度十分接近，这表明本小节提出的置信度估计方法可以有效地反映分类器的可靠程度。而"wrong"和"correct"之间的差异表明了本小节提出的置信度估计方法具有区分正确分类样本和错误分类样本的能力。

表 4-8 展示了利用置信度和不利用置信度（$f_i = 1$，$\forall i$）情况下分类器自适应的结果。可以发现：置信度估计可以改善所有分类器在非监督和半监督情况下自适应的结果。虽然置信度估计是在文本数据上估计得到的，但其对于单字样本依旧十分奏效。置信度估计在弱分类器 LVQ（1）和 LVQ（2）上的性能提升更加明显，这是因为弱分类器具有较高的初始

错误率，而置信度估计可以提升结果的可靠性。

表 4-7 置信度估计的预测能力

	LVQ（1）	LVQ（2）	MQDF（10）	MQDF（50）
分类精度（%）				
	83.81	84.33	87.41	88.35
平均置信度				
total	0.826 5	0.829 8	0.855 9	0.866 6
wrong	0.508 9	0.507 9	0.548 2	0.553 4
correct	0.887 8	0.889 6	0.900 2	0.907 2

表 4-8 利用和不利用置信度估计下的自适应结果

	LVQ(1)	LVQ(2)	MQDF(10)	MQDF(50)
非监督 STM（单字数据）				
不利用置信度	9.12	8.82	7.13	6.91
利用置信度	9.05	8.54	7.11	6.83
半监督 STM（单字数据）				
不利用置信度	8.97	8.31	7.05	6.89
利用置信度	8.95	8.10	7.04	6.81
非监督 STM（文本数据）				
不利用置信度	12.29	11.97	9.78	9.38
利用置信度	11.84	11.43	9.61	9.28
半监督 STM（文本数据）				
不利用置信度	11.16	10.39	9.53	9.30
利用置信度	11.01	10.09	9.45	9.26

4.7.6　对 STM 和 MLLR 的比较

极大似然线性回归 MLLR（Maximum Likelihood Linear Regression）是在隐马尔可夫模型 HMM 中常用的一种自适应方法[35,113,114]。MLLR 也是学习一个书写人特定的、与类别无关的特征变换⊖。假设在给定目标点集 t_i 之后，源点集 s_i 的概率分布是 $p(s_i \mid t_i) = \dfrac{1}{(\sqrt{2\pi}\sigma)^d} \exp\left(-\dfrac{\|s_i - t_i\|_2^2}{2\sigma^2}\right)$。MLLR 对目标点集学习一个仿射变换来最大化数据的似然 $\max \prod_{i=1}^{n} p(s_i \mid At_i + b)$，这样一个问题等价于 $\min - \sum_{i=1}^{n} \log p(s_i \mid At_i + b)$，因此 MLLR 的目标函数是：

$$\min_{A \in \mathbb{R}^{d \times d}, b \in \mathbb{R}^d} \sum_{i=1}^{n} \|At_i + b - s_i\|_2^2 \qquad (4.32)$$

MLLR（式(4.32)）和 STM（式(4.4)）之间的区别在于：

- MLLR（式(4.32)）是将目标点集 t_i 映射到源点集 s_i，而 STM（式(4.4)）是将源点集 s_i 映射到目标点集 t_i。目标点集是从大量的训练样本中学习得到的，因而更加稳定；源点集仅仅来自一个书写人，因而会受到一些干扰。直观感觉上来说，STM 要比 MLLR 更加稳定和精确。关于这一点，接下来会有实验验证（如

⊖　当自适应样本量充足时，可以将所有的类别聚成若干个超类，每个超类训练一个 MLLR，本小节仅考虑与类别无关的 MLLR。

图 4-10 所示)。此外，STM 中的基分类器不需要做任何改变就可以按照式（4.29）进行分类。相反地，MLLR 中所有的目标点集都要被变换一次才能进行分类。

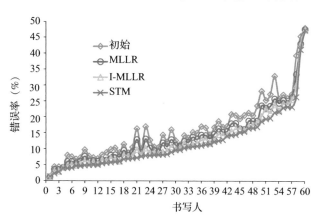

图 4-10　STM 和 MLLR 的比较。此处 60 个书写人
按照 STM 错误率递增的顺序排列

- 和 STM（式(4.4)）相比，MLLR 仅仅是最大化数据的似然，并且 MLLR 没有置信度估计和正则项。置信度估计对于非监督和半监督的自适应非常重要，因为其可以将一定的判别信息带入 STM 学习中。此外，正则项对防止过拟合十分有效。因此本小节也考虑了一个改进版本的 MLLR，即将置信度估计和正则项加入 MLLR，此时新的模型被记作 I-MLLR。

本小节在文本数据上的非监督 LVQ(1) 自适应实验中对 MLLR、I-MLLR 和 STM 进行比较。图 4-10 展示了比较结果。

可以发现：I-MLLR 优于 MLLR，这表明置信度估计和正则项有助于提升自适应的性能。本小节提出的 STM 模型在 60 个书写人上得到了一致的最低错误率，这表明 STM 采用的将书写人特有数据映射到与书写人无关风格的做法比 MLLR 中采用的逆变换更加有效。

4.7.7　模型参数选择

风格迁移映射中的超参数在前面章节的实验中被设计成对所有的书写人都相同（见 4.7.2 节）。本小节将在表 4-3 和表 4-6 所展示的 11 个代表性书写人上对这些超参数进行分析。

1. 自学习中的迭代次数

在前面的实验中，自学习中的迭代次数被固定为 5。本小节将 IterNum 从 0 调整到 10，并且将 LVQ（1）非监督自适应（文本数据）的结果展示在图 4-11a 中。IterNum = 0 时的值代表了初始错误率（没有自适应）。可以发现：当 IterNum = 1 时，错误率已经明显下降了，而随着 IterNum 的增加，错误率还在逐渐下降。当 IterNum ⩾ 5 之后，结果几乎不再变化。这表明在实际中较少的迭代次数就能保证自学习的结果。

2. MQDF 目标点集中的 ρ

MQDF 目标点集式（4.21）中的超参数在前面的实验中被设定为 $\rho = 0.1$。图 4-11b 展示了不同 ρ 对 MQDF（10）非监督自适应（文本数据）的影响。可以发现：自适应的结果对 ρ 不是很敏感，因此在实际中可以设定一个较小的 ρ 来保证将书写人特有的数据映射到其对应类别的高概率区域中。

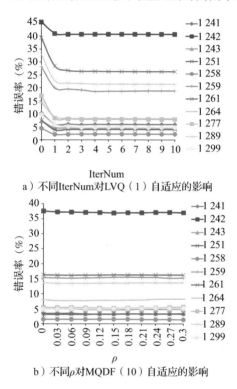

a）不同IterNum对LVQ（1）自适应的影响

b）不同 ρ 对MQDF（10）自适应的影响

图 4-11　LVQ(1) 自适应与 MQDF(10) 自适应

3. 半监督自适应中的 α

在算法 3 中，使用 α = 0.5 来定义带标记样本的置信度。可以在 LVQ(1) 半监督自适应（文本数据）的过程中观察不

同 α 对结果的影响。图 4-12a 展示了比较结果。可以发现：自适应结果对 α 不太敏感，这是因为带标记样本已经被用来学习一个初始的 STM 模型（见 4.6.3 节）。我们也考虑了不使用初始 STM（$A_0 = I$，$b_0 = 0$ 和 $\alpha = 1$）时半监督自适应的性能。图 4-12b 展示了其比较结果。可以发现：利用了初始 STM 之后的自适应错误率将更低。这表明在半监督自适应中对带标记样本进行双重利用是一个正确的选择。

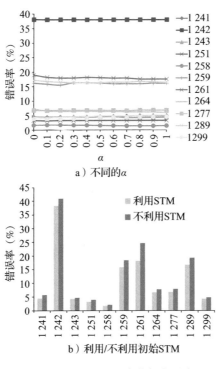

a）不同的 α

b）利用/不利用初始STM

图 4-12　LVQ(1) 半监督自适应

4. 正则项系数 β、γ

STM（式（4.4））模型中的正则项是泛化性能的有力保证。此处建议使用式（4.10）来设定 β 和 γ。以书写人 1241 为例，其 LVQ(1) 非监督自适应（文本数据）下采用不同的 $\tilde{\beta}$ 和 $\tilde{\gamma}$ 时性能的变化被展示在图 4-13a 中。尽管所有的错误率都要低于其初始错误率 10.30%，但是 $\tilde{\beta}=0$ 时明显不如其他的值，这表明 $\tilde{\beta}$ 对 A 的正则项十分重要。此外，图 4-13a 还表明自适应结果对 $\tilde{\gamma}$ 不敏感，也就是说，$\tilde{\gamma}$ 对 b 的正则项不太重要。最优的性能在 $\tilde{\beta}=0.4$，$\tilde{\gamma}=0$ 时取得，此时风格迁移映射中的变换矩阵 A 被展示在图 4-13b 中，可以发现其非对角线元素都非常小，对角线元素都非常接近于 1，这使得 A 十分接近于单位矩阵。这也表明了正则项在防止过拟合中的作用。

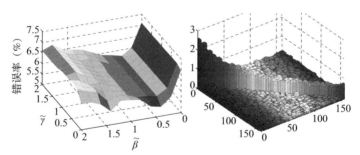

a）不同 $\tilde{\beta}$ 和 $\tilde{\gamma}$ 对自适应的影响　　　b）风格迁移映射中的变换矩阵

图 4-13　正则项系数对自适应的影响（见彩插）

5. 实验讨论

STM 不仅对于初始错误率较低的书写人非常有效，对于初始错误率较高的书写人，只要其具有良好的风格一致性，STM 依旧很有效。以图 4-4 中展示的三个书写人为例，书写人 1258 的初始错误率已经非常低（见表 4-3 和表 4-6），而自适应可以取得超过 50% 的错误下降率。书写人 1289 具有较高的初始错误率 32.94%（如表 4-3 所示），但是 STM 依旧可以取得 49.12% 的错误下降率。对于书写人 1242 来说，自适应之后的提升（如表 4-3 和表 4-6 所示）并不是十分明显。除了其具有较高的初始错误率之外，书写人 1242 的书写风格不是很一致（如图 4-4 所示）是导致 STM 性能低下的主要原因。

在本节的实验中对所有的书写人使用了相同的 β 和 γ。而在实际中，最好的方法是根据每个书写人的特点来选取不同的超参数：对具有较好风格一致性的书写人使用较宽松的正则项，对于风格一致性较差的书写人则要使用更加严格的正则项。但是如何定义风格一致性仍然是一个有待解决的问题。

4.8　本章小结

本章提出了一个基于风格迁移映射（STM）的分类器自适应框架。STM 的目标准则是将书写人特有的数据映射到与书写人无关的风格上来，具体的实现方式是定义源点集为书写人特有的数据，而定义目标点集为与书写人无关的分类器中对应的一部分参数。通过对每一个书写人进行风格迁移映射，基分类器不需要做任何改变就可以对变换之后的样本进行高精度分类。

- STM 可以用于监督的、非监督的以及半监督的自适应。

- STM 具有解析解因的功能，速度很快且十分奏效。

- STM 的框架可以轻易地与各种分类器相结合。

- 书写人特有的数据既可以是带标记的也可以是未标记的，并且不需要涵盖所有的类别，这对解决大类别集问题十分必要。

- 实验表明：基于风格迁移映射的书写人自适应可以显著降低分类错误率，半监督的自适应取得了最优的性能，非监督的自适应要优于监督的自适应。

在本章中，STM 被假设成一个仿射变换，并且仅仅用于书写人自适应。未来的研究计划包括：

- 考虑更多的变换形式，如核空间中的 STM 和其他非线性变换。

- 将 STM 用于"过切分-识别"的手写文本识别[78] 框架中。

- 通过适当的目标点集定义将 STM 扩展到其他分类器，如 SVM[142] 和神经网络[143]。

- 将 STM 扩展到其他应用，如语音识别中的说话者自适应、自然语言处理中的领域自适应、图像分类中的视角自适应等。

第 5 章

基于风格归一化的
模式域分类

5.1 引言

模式域分类（Pattern Field Classification，PFC）[118,119,121] 是对传统分类问题的一个扩展。模式域分类 PFC 打破了传统分类中的独立同分布假设（Independently and Identically Distributed，IID assumption）。在模式域分类 PFC 中，一组具有相同风格（homogeneous style）的样本被称为域（field）。通过利用模式域中的风格一致性，对一组样本进行同时分类可以获得比单一样本逐个分类更高的精度。本章将贝叶斯决策规则（Bayes decision theory）拓展到了模式域分类问题，并且提出一种模式域贝叶斯模型（Field Bayesian Model，FBM）。具体地，本章对每一个模式域学习一个风格归一化变换（Style Normalized Transformation，SNT）。通过使用这些变换，不同模式域的样本被投影到一个独立同分布空间

（IID space）。本章提出的模型是一个统一、系统的框架，通过使用此框架，很多不同的概率密度分布都可以拓展到模式域分类问题上来。为了使得模型具有对未知风格的迁移性，本章还提出一个基于自学习（self-training）的直推模型（transductive model）：迁移贝叶斯规则（Transfer Bayesian Rule，TBR）。

5.2 模式域分类简介

统计模式识别一般都假设样本满足独立同分布（Independently and Identically Distributed，IID）假设。但是在实际中，样本往往以成组的方式出现，每一个组内的样本具有相同的风格，因此样本之间不再独立。

考虑一个在特征空间 $x \in \mathbb{R}^d$ 和标签空间 $y \in \{1, \cdots, M\}$（M 是类别数）中的分类问题，本章有如下定义：

定义 定义一组样本和它们对应的标签为：

$$f_i = \{x_1^i, x_2^i, \cdots, x_{n_i}^i\}, \quad c_i = \{y_1^i, y_2^i, \cdots, y_{n_i}^i\} \qquad (5.1)$$

如果 f_i 中的所有样本都具有相同的风格，则称 f_i 为一个长度为 n_i 的模式域（field-pattern），而 c_i 为其对应的域标签（field-class）。当 $n_i = 1$ 时，模式域退化成一个单一模式（singlet）。

模式域中具有相同风格的样本往往具有相同的来源，例如：字符识别中同一个书写人书写的一组样本、人脸识别中具有相同姿态或者在相同光照情况下拍摄的一组照片、语音识别中同一说话者讲出的一组语音信号。在所有的这些例子中，样本以不同风格聚成不同的类，我们称之为模式域（pattern field）。模式域的定义打破了传统的 IID 假设：

- 在一个模式域里面，样本不是相互独立的（NOT independent）。
- 不同的模式域不具有相同的分布（NOT identically distributed）。

在一个模式域内的样本具有风格一致性，而不同的模式域往往具有很大的风格差异。模式域分类（pattern field classification）的目的是使用具有成组（field）信息的训练数据 $\{f_i, c_i\}_{i=1}^{N}$（N 是模式域的个数）进行分类器训练，并且用来预测一个新模式域（field-pattern）的域标签（field-class），换言之，对具有相同风格的一组样本同时进行分类，一个新的模式域（field-pattern）可能会拥有一种全新的、在训练数据中未出现过的风格，这使得模式域分类问题变得更加复杂。

在传统的基于 IID 假设的分类过程中，样本是逐一进行分类的（图 5-1a）的，这种方式称为单一分类（singlet classification）。相反地，在模式域分类（pattern field classification）中，具有相同风格的一组样本将被同时分类（图 5-1b）。通过充分利用这种风格一致性，模式域分类（pattern field classification）可以取得比单一样本分类（singlet classification）更高的精度。

a）具有IID假设的传统分类　　　b）具有成组信息的模式域分类

图5-1　传统分类与模式域分类

5.2.1　历史回顾

　　模式域分类（pattern field classification）问题引起了很多学者的研究。文献[119]提出了一种风格混合模型（style mixture model），其主要假设是所有样本都受 K 种风格的影响，而每一种风格下的样本是独立同分布的，因此一个模式域（field-pattern）的分布可以定义成 K 种风格对应分布的混合模型。一方面，风格的个数 K 很难估计；另一方面，对于一个新的模式域，如果其风格不同于这 K 种风格，模型的性能将会下降。另外一种解决模式域分类的方法是文献[121]提出的基于"域/类条件概率密度为高斯分布"（Gaussian field-class-conditional distribution）假设的方法，但是此模型仅适用于高斯分布，并且其计算量较大，很难应用于大类别集问题。文献[122]提出一种双线性模型(bilinear model)来分离风格和内容，但是此模型仅能用于预测一组样本的标签，对于单一样本分类(singlet classification)，此模型不适用。此外，双线型模型的优化求解是基于对一个 $Nd×M$ 的矩阵进行 SVD 分解，其使用场合将受到很大限制，尤其是当类别数 M 或者模式域个数 N 较大的时候。

模式域分类(pattern field classification)问题也和机器学习领域中的一些问题比较近似，如多任务学习(Multiple Task Learning，MTL)[98]和迁移学习(Transfer Learning，TL)[99]。但是二者的主要区别是：模式域分类仅仅学习一个分类器，而多任务学习 MTL 会对每一个任务都学习一个分类器。此外，概念迁移(concept transfer)是迁移学习 TL 关注的重点(例如，从数字识别迁移到英文字母识别)，而模式域分类考虑的是同一个分类问题(但具有不同风格)。模式域分类和分类器自适应(classifier adaptation)也比较类似，后者是将分类器从一个风格无关的领域(style-independent domain)自适应到一个风格相关的领域(style-specific domain)[137]。

5.2.2　本章工作

与以往工作不同，本章将贝叶斯决策规则(Bayes decision theory)拓展到了模式域分类。基于两个合理的假设，本章提出一种域贝叶斯模型(Field Bayesian Model，FBM)来对模式域进行分类。具体地，本章提出对每一个模式域学习一个风格归一化变换（Style Normalized Transformation，SNT）。通过这些变换，不同的模式域被变换到一个统一的风格空间（uniform style space），即独立同分布空间。在这个空间中，传统的贝叶斯分类可以得到很好的施展。在此框架下，本章展示了如何将多元高斯概率密度模型拓展到模式域分类，并且得到了较好性能。值得注意的是，用来区分风格和内容的双线型模型（bilinear model）[122]和本章框架下的一个特例十分类似。本章提出了很多决策规则，既可用来对单一模式进行分类，又可以对一个模式域内的样本进行同时分类。即使一个模式域具有新的风格，本章的模型也可以自动迁移（transfer）到新风格上。

5.3 贝叶斯模式域分类

在模式域上进行贝叶斯分类的核心思想是：给一个模式域（field-pattern）分配具有最大后验概率（Maximum A Posteriori，MAP）的域标签（field-class）。具体地，后验概率可以计算为：

$$p(c \mid f) = \frac{p(c)p(f \mid c)}{p(f)}$$

$$= \frac{p(y_1, \cdots, y_n)p(\boldsymbol{x}_1, \cdots, \boldsymbol{x}_n \mid y_1, \cdots, y_n)}{p(\boldsymbol{x}_1, \cdots, \boldsymbol{x}_n)} \quad (5.2)$$

这里用 f 和 c 分别表示一个模式域（field-pattern）和其对应

的域标签（field-class）。所以最主要的问题就是去定义"域标签先验概率"（field-class prior probabilities）$p(c)$ 和"域标签条件概率分布"（field-class-conditional probability distributions）$p(f\mid c)$。在接下来的章节中，基于两个合理的假设，本节推导得出域贝叶斯模型（Field Bayesian Model，FBM），并给出具体优化算法和一些应用实例。

5.3.1　基本假设

模式域中样本的风格一致性又被称作风格上下文（style context）[118]。风格上下文和其他的上下文模型，如语言（linguistic）以及几何（spatial）上下文，具有明显不同。为了充分利用模式域中的风格上下文（style context），本节提出两种假设：

假设 1.

$$p(c)=p(y_1,y_2,\cdots,y_n)=p(y_1)p(y_2)\cdots p(y_n) \quad (5.3)$$

本节假设类别之间是相互独立的，换言之，除了类别先验概率，没有其他的语言模型（linguistic dependence）。这表明本节仅仅关注风格上下文，而语言上下文（linguistic contexts）（大量用于手写识别和语音识别中）并非本节关注的重点。但值得注意的是，语言上下文也可以嵌入到模式域分类的框架中来。

因为"域标签"（field-class）的个数随着类别个数增长

呈现出指数型的增长，例如，对于一个 M 类问题，如果模式域的长度为 n，那么总共的域标签将有 M^n 个，因此不能对每一个"域标签"都定义一个条件概率分布。鉴于此，本节有第二个假设：

假设 2.

$$p(f_i \mid c_i) = p(\boldsymbol{x}_1^i, \cdots, \boldsymbol{x}_{n_i}^i \mid y_1^i, \cdots, y_{n_i}^i)$$

$$= \prod_{j=1}^{n_i} p(g_i(\boldsymbol{x}_j^i) \mid y_j^i) \qquad (5.4)$$

这里相当于假设在一个与模式域相关、与类别无关（field-specific class-independent）的变换 $g_i(\boldsymbol{x})$ 下，模式域中的样本可以变成类条件独立（class-conditionally independent）。这意味着在变换之后，不同模式域的样本被变换到了一个统一风格空间（uniform style space），即独立同分布空间。本书把这种变换称为风格归一化变换（Style Normalized Transformation，SNT）。在此假设下可以得到的结论是：模式域的概率分布与具体的样本顺序无关，换言之，对模式域中的样本顺序做任意扰动，其联合的条件概率分布都是不变的。这表明本节只关注风格上下文（style context），而依赖于样本几何位置关系的几何上下文（spatial context）不是本节考虑的重点。

5.3.2　模型定义

从假设 2 出发，仅仅需要定义类条件概率密度 $p(\boldsymbol{x} \mid y)$

和每一个模式域的风格归一化变换（Style Normalized Transformation，SNT）$g_i(\boldsymbol{x})$。本节假设 SNT 是一个仿射变换（affine transformation）$g_i(\boldsymbol{x}) = \boldsymbol{A}_i^{\mathrm{T}}\boldsymbol{x} + \boldsymbol{b}_i$，其中 $\boldsymbol{A}_i \in \mathbb{R}^{d \times d}$、$\boldsymbol{b}_i \in \mathbb{R}^d$ 是变换参数。

给定一系列训练模式域样本 $\{f_i, c_i\}_{i=1}^N$，类条件概率密度（single-class conditional probability distributions）$p(\boldsymbol{x} \mid y)$ 和每一个模式域的 SNT $\{\boldsymbol{A}_i, \boldsymbol{b}_i\}_{i=1}^N$ 将同时从数据中学习得到。训练数据的似然函数（likelihood function）可以写成：

$$\mathcal{L} = \prod_{i=1}^N p(f_i \mid c_i) = \prod_{i=1}^N \prod_{j=1}^{n_i} p(\boldsymbol{A}_i^{\mathrm{T}}\boldsymbol{x}_j^i + \boldsymbol{b}_i \mid y_j^i) \qquad (5.5)$$

参数估计通过极大似然得到，也等价于最小化负对数似然（negative log-likelihood）：

$$\mathcal{NLL} = -\sum_{i=1}^N \sum_{j=1}^{n_i} \log p(\boldsymbol{A}_i^{\mathrm{T}}\boldsymbol{x}_j^i + \boldsymbol{b}_i \mid y_j^i) \qquad (5.6)$$

直接最小化 $\mathcal{NLL}$ 会导致过拟合（over-fitting）。鉴于此，本节对 SNT 的学习加上一个正则项，从而得到如下模型：

问题 1 域贝叶斯模型（Field Bayesian Model，FBM）

$$\min_{p,\{\boldsymbol{A}_i,\boldsymbol{b}_i\}} \mathcal{NLL} + \sum_{i=1}^N \mathcal{R}(\boldsymbol{A}_i, \boldsymbol{b}_i) \qquad (5.7)$$

其中正则项的定义是：

$$\mathcal{R}(\boldsymbol{A}, \boldsymbol{b}) = \beta \|\boldsymbol{A}^{\mathrm{T}} - \boldsymbol{I}\|_F^2 + \gamma \|\boldsymbol{b}\|_2^2 \qquad (5.8)$$

这里用 $\boldsymbol{I}$ 表示一个 $d \times d$ 的单位矩阵。$\mathcal{R}$ 的第一项是为了限制 $\boldsymbol{A}$ 和单位矩阵的偏离程度，而第二项是为了限制 $\boldsymbol{b}$ 和零向量的偏离程度。通过设定 $\beta = \gamma = +\infty$ 可以得到 $\boldsymbol{A}_i = \boldsymbol{I}$，$\boldsymbol{b}_i = 0$，$\forall i$，这意味着不同的模式域没有风格变化。因此 FBM 模型相当于风格迁移（style transfer）和不迁移（non-transfer）之间的一个折中，可以获得更好的泛化性能。在每一个模式域的风格归一化变换 SNT 之后，分类器可以学到一个风格不变的贝叶斯模型（style-invariant Bayesian model），这意味着风格（style）和内容（content）被分别用 SNT 和随之而来的贝叶斯模型区分开来。

5.3.3 对未知样本的预测

在讲述如何求解 FBM 模型（式(5.7)）之前，先阐述如何利用该模型对单一模式（single pattern）以及模式域（field-pattern）进行分类。这里假设每个类的先验概率是相等的。

1. 单一模式分类（Single）

首先可以使用的决策规则是传统的贝叶斯决策（Bayes Decision Rule BDR）：

$$y = \arg \max_y p(\boldsymbol{x} \mid y) \tag{5.9}$$

为了利用从数据中学到的风格归一化变换 SNT，本节提出一个投票决策规则（Voted Decision Rule，VDR）：

$$y = \arg \max_y \sum_{i=1}^{N} p(\boldsymbol{A}_i^{\mathrm{T}} \boldsymbol{x} + \boldsymbol{b}_i \mid y) \tag{5.10}$$

这相当于基于特征空间扰动（feature space perturbation）之后

的决策融合。

2. 模式域分类（Field）

模式域和单一模式分类不同，前者分类要同时对一组具有相同风格的样本进行分类。如果我们已经知道了这个模式域的风格参数（SNT 参数 $\{A_0, b_0\}$），比如这样一组样本是张三写的，而在训练过程中已经学习过张三的 SNT。在这种情况下，模式域中的样本可以逐一分类如下：

$$y = \arg\max_y p(A_0^{\mathrm{T}}x + b_0 \mid y) \tag{5.11}$$

这种决策规则被记作域决策规则（Field Decision Rule, FDR）。

如果一个新的模式域 $f = \{x_1, \cdots, x_n\}$ 具有从来没见过的风格（例如：李四从来没有出现在训练集中，而现在要对其样本进行分类）。此时，域标签（field-class）$c = \{y_1, \cdots, y_n\}$ 和风格参数 SNT$\{A, b\}$ 必须同时通过最小化负对数似然学习得到：

$$\widehat{\mathcal{NLL}} = -\sum_{j=1}^{n} \log p(A^{\mathrm{T}}x_j + b \mid y_j) \tag{5.12}$$

同样的正则化项也被加到这里来防止过迁移（over-transfer）。此时模式域的分类问题可以被写成如下的优化问题：

问题 2 迁移贝叶斯规则（Transfer Bayesian Rule, TBR）

$$\min_{\{y_j\}, A, b} \widehat{\mathcal{NLL}} + \mathcal{R}(A, b) \tag{5.13}$$

这是一个直推模型（transductive model），通过学习一个新的 SNT $\{A, b\}$ 把模型迁移（transfer）到新的风格上来，在此过程中同时学习得到每个样本的标签 $\{y_1, \cdots, y_n\}$。注意到在 FDR 之后仍然可以使用 TBR，此方法被记作 FDR + TBR。具体地，TBR 被用于变换之后的样本 $A_0^T x + b_0$ 上。举例说明就是，张三的风格事先学到过（FDR），但此时可以对其再学一个新的风格（TBR），从而模拟出张三随时间变化的风格（style change over times）。

5.3.4　优化

本节使用轮替优化（alternating optimization）对 FBM 和 TBR 模型进行求解，并且给予各个模型一个直观解释。

对于 FBM 模型（式 5.7）的优化，类条件分布（classconditional distributions）（又可看作分类器参数）的估计和 SNT 参数的学习被轮替地迭代优化。当固定住 SNT 参数 $\{A_i, b_i\}$ 时，此时的问题变成一个传统贝叶斯模型的参数估计问题。当固定住类条件分布 $p(x|y)$ 时，此时的问题可以分解成 N 个独立的优化问题：

问题 3　风格归一化（Style Normalized Transformation, SNT）

$$\min_{A,b} - \sum_{j=1}^{n} \log p(A^T x_j + b | y_j) + \mathcal{R}(A,b) \quad (5.14)$$

这里去掉了模式域的脚标 i，而 SNT 学习过程将被用于每一个模式域。

对于 TBR 模型（式（5.13））的优化，域标签（field-class）的预测和 SNT 参数的学习被轮替地迭代优化。当固定住 SNT 参数 $\{A, b\}$ 时，此时的问题变成对 n 个样本使用 FDR 规则进行分类。当固定住域标签 $\{y_1, \cdots, y_n\}$ 时，此时的问题变成一个 SNT 学习问题（式(5.14)）。这里的轮替优化过程可以看作一种自学习（self-training）：每一步的参数学习都依赖前一步的标签预测。

所以问题的关键就是求解 SNT 模型（式(5.14)）。在求解完（式(5.14)）之后，可以很方便地使用轮替优化（alternating optimization）来对 FBM 模型（式(5.7)）和 TBR 模型（式(5.13)）进行求解。当模型对所有的参数都是凸的时候（如5.3.5节中的特例），轮替优化可以保证得到全局最优解。在非凸的情况下，轮替优化仍然可以找到一个足够好的局部最优解。因为对于 FBM 和 TBR 来说，轮替优化都可以有很好的初始值：$A_i = I$，$b_i = 0$，$\forall i$ 和 $A = I$，$b = 0$。

5.3.5　特殊情况

本章提出的框架可以很容易地拓展到不同的概率分布中。在本节中，我们着重讨论在多元高斯分布下 FBM 和 TBR 的表现。

$$p(x \mid \theta_k) = \frac{\exp\left[-\frac{1}{2}(x - \mu_k)^{\mathrm{T}} \sum_k^{-1} (x - \mu_k) \right]}{(2\pi)^{d/2} |\Sigma_k|^{1/2}} \quad (5.15)$$

其中 $\theta_k = \{\mu_k \in \mathbb{R}^d, \Sigma_k \in \mathbb{R}^{d \times d}\}$ 代表了类 k 的参数（$k =$

1，$\cdots$，M）。

此时 SNT 问题（式(5.14)）变成：

$$\min_{A,b} \mathcal{R}(A,b) + \frac{1}{2}\sum_{j=1}^{n} d_m(A^{\mathrm{T}}x_j + b, \mu_{yj}, \Sigma_{yj}) \quad (5.16)$$

其中 $d_m(x, \mu, \Sigma) = (x-\mu)^{\mathrm{T}}\Sigma^{-1}(x-\mu)$ 是马氏距离（Mahalanobis distance）。这是一个凸二次优化（convex Quadratic Programming，QP）问题，因而具有解析解。但是为了解这个模型，我们需要计算一个 $d^2 \times d^2$ 矩阵的逆。当 d 较大时，这会带来很大的计算量。此外，在实际中也很难估计得到一个精确的协方差矩阵。因此本节考虑两种特例。

第一个特例是基于 $\Sigma_k = I$，$k = 1$，$\cdots$，M 的假设。在此假设下的传统贝叶斯分类器是最近类均值分类器（Nearest Class Mean，NCM）。此时式（5.16）变成：

$$\min_{A,b} \mathcal{R}(A,b) + \frac{1}{2}\sum_{j=1}^{n} \left\| A^{\mathrm{T}}x_j + b - \mu_{y_j} \right\|_2^2 \quad (5.17)$$

这也是一个凸二次规划问题。更重要的是，此时的 FBM 模型（式(5.7)）也是一个凸二次规划，这意味着 5.3.4 节中描述的轮替优化将保证得到全局最优解。此时的模型被记作"域-最近类均值"（field Nearest Class Mean，field-NCM）。这个模型和用于将风格与内容进行区分的双线型模型（bilinear model）[122] 非常接近，不同的是本节的模型是凸的并且有正则项来防止过拟合。

本节也考虑另外一种基于对协方差矩阵做 K-L 变换[65]

的特殊情况：

$$\boldsymbol{\Sigma} = \boldsymbol{\Phi}\boldsymbol{\Lambda}\boldsymbol{\Phi}^{\mathrm{T}} \tag{5.18}$$

其中 $\boldsymbol{\Lambda} = \mathrm{diag}[\lambda_1, \cdots, \lambda_d]$，$\lambda_t(t = 1, \cdots, d)$ 是按非递增顺序排列的特征值，而 $\boldsymbol{\Phi} = [\boldsymbol{\phi}_1, \cdots, \boldsymbol{\phi}_d]$，$\boldsymbol{\phi}_t(t = 1, \cdots, d)$ 是相应的特征向量。在多数情况下，较小的特征值会估计得不准确，因此仅仅保留较大的 T 个特征值（$T < d$）。此时，可以把式（5.16）中的马氏距离换成投影距离。将 $\boldsymbol{x}$ 投影到 $\boldsymbol{\Sigma}$ 的 T 个主特征向量可以计算为：

$$\mathcal{P}(\boldsymbol{x}, \boldsymbol{\Sigma}, \boldsymbol{\mu}) = \sum_{t=1}^{T} \alpha_t \boldsymbol{\phi}_t + \boldsymbol{\mu} \tag{5.19}$$

其中

$$\alpha_t = \min\left\{\delta\sqrt{\lambda_t}, \max\left\{\boldsymbol{\phi}_t^{\mathrm{T}}(\boldsymbol{x} - \boldsymbol{\mu}), -\delta\sqrt{\lambda_t}\right\}\right\} \tag{5.20}$$

这里使用一个超参数 $\delta \geqslant 0$ 来限制投影点和类中心的偏离（当 $\delta = 0$ 时，$\mathcal{P}(\boldsymbol{x}, \boldsymbol{\Sigma}, \boldsymbol{\mu}) = \boldsymbol{\mu}$）。

因此可以将式（5.16）逼近为：

$$\min_{\boldsymbol{A}, \boldsymbol{b}} \mathcal{R}(\boldsymbol{A}, \boldsymbol{b}) + \frac{1}{2}\sum_{j=1}^{n} \left\|\boldsymbol{A}^{\mathrm{T}}\boldsymbol{x}_j + \boldsymbol{b} - \mathcal{P}(\boldsymbol{x}_j, \boldsymbol{\Sigma}_{y_j}, \boldsymbol{\mu}_{y_j})\right\|_2^2 \tag{5.21}$$

此时分类决策面是二次的，本节将此方法记作 field Quadratic Discriminant Function（field-QDF）。

不管是 field-NCM 模型（式（5.17））还是 field-QDF 模型（式（5.21）），其 SNT 学习问题都是一个凸的二次规划问题，并且具有统一的形式如下：

$$\min_{A,b} \frac{1}{2} \sum_{j=1}^{n} \| A^{\mathrm{T}} x_j + b - s_j \|_2^2 + \beta \| A^{\mathrm{T}} - I \|_F^2 + \gamma \| b \|_2^2$$

$$(5.22)$$

其中对于式（5.17）有 $s_j = \mu_{y_j}$，而对于式（5.21）有 $s_j = \mathcal{P}(x_j, \Sigma_{y_j}, \mu_{y_j})$。这个问题有解析解如下：

$$A^{\mathrm{T}} = QP^{-1}, \quad b = \frac{\bar{s} - A^{\mathrm{T}} \bar{x}}{n + 2\gamma} \qquad (5.23)$$

其中

$$Q = \sum_{j=1}^{n} s_j x_j^{\mathrm{T}} + 2\beta I - \frac{1}{n + 2\gamma} \bar{s}\, \bar{x}^{\mathrm{T}},$$

$$P = \sum_{j=1}^{n} x_j x_j^{\mathrm{T}} + 2\beta I - \frac{1}{n + 2\gamma} \bar{x}\, \bar{x}^{\mathrm{T}} \qquad (5.24)$$

$$\bar{s} = \sum_{j=1}^{n} s_j, \quad \bar{x} = \sum_{j=1}^{n} x_j$$

超参数 β、γ 是对风格迁移（transfer）和不迁移（non-transfer）的一个折中。考虑到数据的尺度，本节将它们设定为：

$$\beta = \frac{\tilde{\beta}}{2d} \left\| \mathrm{diag}\left(\sum_{j=1}^{n} x_j x_j^{\mathrm{T}} \right) \right\|_1, \quad \gamma = \frac{n}{2} \tilde{\gamma} \qquad (5.25)$$

其中 $\tilde{\beta}$ 和 $\tilde{\gamma}$ 可以有效地从 [0，3] 中进行选取。

5.4　实验结果

本节在三个数据库上对模式域分类进行验证。主要目的包括①对单一模式分类（singlet classification）和模式域分类

（field classification）进行比较，对于每一种情况都选取最优的决策准则，对于单一模式分类有 BDR（式(5.9)）和 VDR（式(5.10)），而对于模式域分类有 FDR（式(5.11)）、TBR（式(5.13)）和 FDR+TBR。②将本章提出的域贝叶斯模型（field Bayesian models）和其他模型进行对比，对比模型主要包括两种模式域分类模型：风格混合模型（style mixture model)[119]、双线型模型（bilinear model)[122]，除此之外还有各个领域中性能优良的传统方法。

5.4.1　不同姿态下的人脸识别

本节使用文献［144］中的数据库。该数据库包含了 15 个人的人脸图像，每个人的图像在垂直方向没有角度变化，而水平方向以 15 度为间隔，从 -90 度到 90 度进行变化，总共得到 13 幅不同姿态的图片，因而共有 $15 \times 13 = 195$ 张人脸数据。所有的图片都被归一化到 48×36 大小，数据维度是 1 728。图 5-2 展示了两个人在不同姿态下的人脸图片。每一个姿态下都有 15 张图片，而这 15 张图片被看作是一个模式域（因为它们具有相同的姿态风格）。训练数据为第 1-8

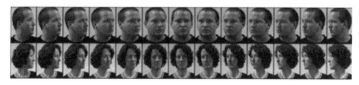

图 5-2　两个人在 13 种姿态下的人脸图片

个姿态所对应的模式域，而测试数据为第 9 ~ 13 个姿态所对应的模式域。这些测试样本的风格在训练样本中从来没有出现过。

传统的 Fisherface 模型使用 FDA 将特征降维到 14 维，然后使用最近类均值分类器（Nearest Class Mean，NCM），此时的分类错误率是 30.67%。为了加快其他方法的计算速度，本节使用 PCA 将维数降低到 100。表 5-1 展示了比较结果。因为限定了固定的风格个数，风格混合模型（style mixture model）不能很好地迁移到新的风格。双线型模型（bilinear model）不能直接用于单一模式分类（singlet classification），并且由于模式域的长度较小（每个姿态只有 15 张图片），因此双线型模型的性能较差。本节提出的模型具有正则项来防止过拟合，即使模式域长度较短，使用 field-NCM 和 TBR 仍旧能取得最佳性能。

表 5-1　人脸数据上不同模型的分类错误率

分类模式	NCM	风格混合模型	双线型模型	field-NCM
Singlet	40.00%	30.00%	—	**25.33%**（VDR）
Field	40.00%	26.67%	40.00%	**21.33%**（TBR）

5.4.2　多说话者元音分类

本节使用 David Deterding 收集的语音数据库[一]。该数据

[一]　http://archive.ics.uci.edu/ml。

库包含由 15 个说话者（speakers）发出的英式英语（British English）中的 11 个元音（vowels）。每一个说话者对于每一个元音都有 6 个样本。每一个元音样本都由 10 维 log-area 参数组成（通过对数字语音信号进行线性预测编码（linear predictive coding analysis）得到的特征描述）。本节使用和文献[122]中一样的实验设置，即使用第 1~8 位说话者的数据作为训练数据，第 9~15 位说话者的数据作为测试数据。这些测试数据的风格在训练数据中未曾出现过。由于每一个说话者都有自己的口音风格（accent style），因此其所有样本被看作一个模式域。

表 5-2 展示了实验结果。可以发现：通过对口音风格进行建模，传统方法中最好的性能由 DANN 模型（discriminant adaptive nearest neighbor）取得[145]。对于单一模式分类（singlet classification），field-NCM、BDR 的性能和 DANN 模型差不多。而对于模式域分类（field classification），field-NCM 和 TBR 的性能要优于文献[122]中报道的双线型（bilinear）模型的最好结果。

表 5-2　不同模型在元音数据上的分类错误率

分类器	错误率
Multilayer perceptron	49%
Radial basis function network	47%
1-nearest neighbor	44%
Discriminant adaptive nearest neighbor	**38.3%**

（续）

分类模式	NCM	风格混合模型	双线型模型	field-NCM
Singlet	49. 35%	46. 11%	—	39. 39%（BDR）
Field	49. 35%	44. 15%	22. 70%	**21. 65%**（TBR）

5.4.3　多书写人手写字符识别

本节使用 3 755 类的联机手写汉字识别数据库 CASIA-OL-HWDB[67] 来对各种模型进行评估。具体地，本节共使用了 100 个书写人（no. 1101-1200）的数据。每一个书写人大概有 3 755 个单字样本（isolated characters）和 1 200 个文本样本（已分割成单字）。所有的单字样本被当作训练数据集，文本样本被当作测试集。样本总数大概是 $495K$（其中 $375K$ 用于训练，$120K$ 用于测试）。由于文本的书写过程相对单字来说更加潦草，因此测试数据和训练数据有很大的风格迁移。每一个书写人的样本被当作一个模式域。为了描述每一个联机字符，本节使用文献［95］中的特征提取方法：伪二维矩归一化（pseudo 2D bi-moment normalization）和 8 方向梯度直方图特征。原始特征维数是 512，然后利用 FDA 降维到 160。

因为双线型（bilinear）模型[122] 在大类别集问题上计算量过大，此处没有对其进行比较。表 5-3 显示了传统的最近类均值分类器 NCM、风格混合模型（style mixture model）和 field-NCM 的平均分类错误率，而对于每一个书写人单独的分类错误率则在图 5-3 中画出。可以发现：field-

NCM 和 VDR 在单一模式分类（singlet classification）中取得了最好的性能。field-NCM 和 FDR + TBR 在模式域分类（field classification）中取得了最优性能，并且无论初始错误率是高还是低，其性能优势在 100 个书写人身上都可以一致地被观测到。

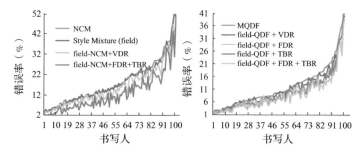

图 5-3　在 100 个书写人的数据上，不同模型的分类错误率，这 100 个书写人根据初始分类错误率从小到大排序（见彩插）

本节提出的域贝叶斯模型（field Bayesian model）可以和不同的概率密度分布相结合。本节也将 field-QDF 模型和手写字符识别领域性能最好的 MQDF（modified quadratic discriminant function）模型[65] 进行了对比。比较结果分别见表 5-4 和图 5-3。可以发现：对于单一模式分类（singlet classification）来说，field-QDF 和 VDR 要优于 MQDF，而对于模式域分类（field classification）来说，FDR、TBR 和 FDR + TBR 的分类错误率逐步递减，因为它们可以通过学习得到越来越多的手写风格信息。

表 5-3　不同模型在手写字符数据上的分类错误率

分类模式	NCM	风格混合模型	field-NCM
Singlet	18. 18%	19. 88%	**16. 07**%（VDR）
Field	18. 18%	17. 93%	**12. 90**%（FDR+TBR）

表 5-4　MQDF 和 field-QDF 的分类错误率

MQDF	field-QDF			
	VDR	FDR	TBR	FDR+TBR
12. 17%	11. 31%	10. 24%	9. 91%	**8. 89**%

　　　　　单一模式分类　　　　　　　　模式域分类

5.5　本章小结

本章考虑了模式域分类（pattern field classification）问题，即具有相同风格的一组样本同时进行分类的问题。

- 为了充分利用风格一致性，本章提出为每一个模式域学习一个风格归一化变换（Style Normalized Transformation，SNT）。

- 通过这些变换，不同模式域的样本被变换到一个独立同分布空间，传统的贝叶斯分类模型可以得到较好的施展。

- 在两个假设基础上，本章把传统的贝叶斯分类拓展到模式域分类上来，并提出了一系列决策准则。

- 为了使模型具有对未知风格的迁移性，本章提出一个迁移贝叶斯规则（Transfer Bayesian Rule，TBR）。

- TBR 是基于自学习（self-training）的直推（transductive）模型，可以对测试数据的标签和风格 SNT 参数进行迭代轮替学习。

通过在人脸、语音及手写字符数据上的实验表明模式域分类可以显著降低分类错误率。未来的研究计划包括：

- 将本章提出的模型拓展到更多的概率分布情形，而不仅仅是高斯分布。
- 利用一些非概率的分类器（如 SVM 和神经网络）进行模式域分类。
- 发掘更多的关于模式域分类的应用实例，如基于风格一致性扰动（distortion）的字符识别[146]。

第6章

总结和展望

6.1 本书研究成果

传统的机器学习方法大部分都是针对小类别集问题的，比如被大量使用的降维方法 FDA、最经典的单分类器系统 SVM、最成功的多分类器系统 Boosting 等，最早都是针对两类问题提出的，并且大部分模型都是基于独立同分布（即样本与样本之间是独立的，测试集和训练集是同分布的）的假设提出的。但是在实际中这个假设往往并不成立，为了应对非独立同分布的情况，大量的分类器自适应模型被提出，然而这些模型大部分都只能在小类别集问题上才能奏效。从"大类别集"和"非独立同分布"两个角度出发，本书分别从降维、分类器设计、分类器自适应三方面进行了深入研究，并且在手写汉字识别（联机和脱机）上取得了优于传统方法的性能。为了充分利用样本之间的风格一致性以提高分类精度，本书还提出了一种基于风格归一化的模式域分类方法。

　　针对大类别集的降维问题，本书对基于加权 Fisher 准则的方法进行了评估，包括五种加权函数（FDA、aPAC、POW、CDM、KNN）以及三种加权空间（原始空间、低维空间、片段空间）。通过在大类别集脱机手写汉字识别上的实验发现：KNN 加权函数取得了显著优于其他加权函数的性能。由于其快速的计算速度和稀疏性，KNN 加权函数也取得了最低的计算复杂度（除 FDA 以外）。不同的加权空间可以轻微提升分类精度，但是却带来了计算量的大幅增长。KNN 加权函数具有近似的空间不变性，换言之，不同类别的 KNN 关系在不同空间近似一致。因此定义在原始空间的 KNN 加权函数是最方便也是最有效的方法。为了进一步提升分类精度，本书将 KNN 加权方法从类别级别扩展到了样本级别，提出了样本级别的非参数降维方法，即 SKNN 方法。SKNN 可以刻画更多的分类决策面信息、解决类别可分性问题、减轻异方差和多模态问题。由于上述性质，SKNN 取得了显著优于其他方法（LLDA、NCLDA、HLDA）的性能。

　　针对大类别集的分类器设计问题，本书提出了一种基于局部平滑的修正二次判别函数 LSMQDF。LSMQDF 将每个类的协方差矩阵与其近邻类进行平滑，得到了更加鲁棒的参数估计和更高的泛化精度。局部平滑的思想非常简单但是行之有效。通过在联机和脱机手写汉字识别的实验中发现，LSMQDF 可以获得比 MQDF 更优的泛化性能，并且要明显优于全局平滑的方法 RDA。

　　针对非独立同分布情况下的分类器自适应问题（测试集与训练集不同分布），本书提出了一种基于风格迁移映射（Style Transfer Mapping，STM）的分类器自适应框架。STM的目标准则是将书写人特有的数据映射到与书写人无关的风格上来，具体的实现方式是定义"源点集"为书写人特有的数据，"目标点集"为与书写人无关的分类器中对应的一部分参数。通过对每一个书写人进行风格迁移映射之后，基分类器不需要做任何改变就可以对变换之后的样本进行高精度分类。风格迁移映射的主要优点包括：①可以用于监督的、非监督的以及半监督的自适应；②具有解析解，速度很快且十分奏效；③可以方便地与各种分类器相结合；④书写人特有的数据既可以是带标记的也可以是未标记的，并且不需要涵盖所有的类别，这对大类别集问题十分必要。通过在大类别集的联机手写汉字识别中的实验表明：基于风格迁移映射的书写人自适应可以显著降低分类错误率，半监督的自适应取得了最优的性能，而非监督的自适应要优于监督的自适应。

　　针对非独立同分布情况下的"模式域分类"问题（样本与样本之间不独立），即具有相同风格的一组样本（同一个书写人写的字符、同一个说话者说的语音、同一个视角拍摄的照片等）利用其相互之间"非独立"的特性进行同时分类的问题，本书提出为每一个模式域学习一个风格归一化变换。通过这些变换，不同模式域的样本被变换到一个独立同分布空间，传统的贝叶斯分类模型可以得到较好施展。在两个假设基础上，本书把传统的贝叶斯分类拓展到模式域分类上来，并提出一系列决策准则。为了使模型具有对未知风格的迁移性，本书还提出了一种迁移贝叶斯规则。通过在人脸、语音及手写字符数据上的实验表明，模式域分类可以显著降低分类错误率。

6.2 未来工作展望

对于大类别集的降维问题，现在大量使用的往往都是一些线性方法。怎样降低计算复杂度从而有效地利用一些非线性方法（如核方法、流形学习方法等）是值得深入开展研究的方向。如何利用近些年非常热门的深度神经网络方法（如卷积神经网络 CNN、受限波尔兹曼机 RBM、深度信念网络 DBN、自编码机 AutoEncoder 等）来从大量的原始数据中自动学习非线性的特征描述也是非常有价值的方向。

对于大类别集的分类器设计问题，未来的研究计划包括对 LSMQDF 的改进：①从理论的角度，如贝叶斯学习，对局部平滑进行分析；②利用 LSMQDF 得到的参数作为初始值进行判别学习；③将 LSMQDF 和判别特征提取结合来进一步提升性能；④局部平滑的思想也可以使用到其他分类器，最直接的推广就是高斯混合模型。此外怎样利用其他分类器，如

SVM 和神经网络，进行有效的大类别集分类、怎样对大类别集问题进行快速候选确定等，都是值得研究的问题。充分利用产生式模型的泛化能力和判别式模型的拟合能力进行分类器设计也是一大趋势。

对于分类器自适应问题，可以考虑更多的非线性的风格迁移映射（如核空间的变换或者其他形式的非线性变换）。此外可以将风格迁移映射用于"过切分-识别"的手写文本识别框架中。通过适当的"目标点集"定义可以将风格迁移映射扩展到其他分类器，如 SVM 和神经网络。其他自适应问题，如语音识别中的说话者自适应、自然语言处理中的领域自适应、图像分类中的视角自适应等，也可以考虑使用风格迁移映射的框架进行处理。更多性能优良的自适应算法也亟待从其他理论或应用中被提炼出来。

对于模式域分类问题，本书提出的框架仅仅在高斯分布这个例子下进行了推导和实验，如何在此框架下拓展得到更多的概率分布情形、如何求解随之而来的更加复杂的优化问题是对本书框架的一个考验。此外如何利用一些非概率的分类器（如 SVM 和神经网络）进行模式域分类、如何发掘更多的关于模式域分类的应用实例（如基于风格一致性扰动的字符识别、其他场景下具有风格一致性的问题等）也是未来的研究方向。

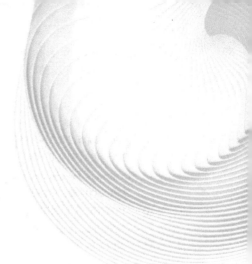

参考文献

[1] JOLLIFFE I T. Principal component analysis [M]. Berlin: Springer-Verlag, 1986.

[2] TURK M, PENTLAND A. Eigenfaces for recognition [J]. Cognitive Neuroscience, 1991, 3(1): 71-86.

[3] FUKUNAGA K. Introduction to statistical pattern recognition [M]. Pittsburgh: Academic Press, 1990.

[4] HYVARINEN A, OJA E. Independent component analysis: algorithms and application [J]. Neural Network, 2000, 13 (4-5): 411-430.

[5] LEE D D, SEUNG H S. Learning the parts of objects by non-negative matrix factorization[J]. Nature, 1999, 401(6755): 788-791.

[6] HE X, NIYOGI P. Locality preserving projections [C]//Proceedings Advances in Neural Information Processing System. Cambridge: MIT Press, 2003: 153-160.

[7] SCHOLKOPF B, SMOLA A, MULLER K R. Nonlinear component analysis as a kernel eigenvalue problem[J]. Neural Computation, 1998, 10(5): 1299-1319.

[8] YANG L, FRANGI A F, YANG J, et al. KPCA plus LDA: a complete kernel fisher discriminant framework for feature extraction and recognition[J]. IEEE Transaction Pattern Analysis and Machine Intelli-

gence,2005,27(2):230-244.

[9] TENENBAUM J B,SILVA V D,LANGFORD J C. A global geometric framework for nonlinear dimensionality reduction[J]. Science,2000, 290(5500):2319-2323.

[10] ROWEIS S T,SAUL L K. Nonlinear dimensionality reduction by locally linear embedding[J]. Science,2000,290(5500):2323-2326.

[11] BELKIN M,NIYOGI P. Laplacian eigenmaps and spectral techniques for embedding and clustering[C]//Proceedings Advances in Neural information Processing Systems. Cambridge:MIT Press, 2001:585-591.

[12] HINTON G E,SALAKHUTDINOV R R. Reducing the dimensionality of data with neural networks[J]. Science,2006,313(5786): 504-507.

[13] STUHLSATZ A, LIPPEL J, ZIELKE T. Feature extraction with deep neural networks by a generalized discriminant analysis [J]. IEEE Transaction Neural Networks and Learning Systems, 2012,23(4):596-608.

[14] WONG W K, SUN M. Deep learning regularized fisher mapping [J]. IEEE Transaction Neural Networks,2012,34(12):2467-2480.

[15] JAIN A K, MAO J, MOHLUDDIN K M. Artificial neural networks:A tutorial[J]. IEEE Computer,1996,29(3):31-44.

[16] BENGIO Y. Learning deep architectures for AI [J]. Foundations and Trends in Machine Learning,2009,2(1):1-127.

[17] BURGES C J C. A tutorial on support vector machines for pattern recognition[J]. Data Mining and Knowledge Discovery, 1998, 2 (2):121-167.

[18] DIETTERICH T G. Ensemble methods in machine learning[C]// Proceedings of the First International Workshop on Multiple Classifier Systems. Berlin:Springer-verlag,2000:1-15.

[19] FREUND Y,SCHAPIRE R E. A decision-theoretic generalization of on-line learning and an application to boosting[J]. Journal of

Computer and System Sciences,1997,55(1):119-139.

[20] BREIMAN L. Bagging predictors[J]. Machine Learning,1996,24 (2):123-140.

[21] RYAN R, ALDEBAR K. In defense of one-vs-all classification [J]. The Journal of Machine Learning Research, 2004, 5: 101-141.

[22] TREVOR H, ROBERT T. Classification by pairwise coupling [J]. The Annals of Statistics,1998,26(2):451-471.

[23] DIETTERICH T G, BAKIRI G. Solving multiclass learning problem via error-correcting output codes[J]. Journal of Artificial Intelligence Research,1995,2:263-286.

[24] JAIN A K. Data clustering:50 years beyond k-means[J]. Pattern Recognition Letters,2010,31(8):651-666.

[25] STEFFEN B, MICHAEL B, TOBIAS S. Discriminative learning under covariate shift[J]. The Journal of Machine Learning Research,2009,10:2137-2155.

[26] KELLY M G,HAND D J,ADAMS N M. The impact of changing populations on classifier performance[C]//Proceedings ACM International Conference Knowledge Discovery and Data Mining. New York:ACM,1999:367-371.

[27] LUDMILA I K. Classifier ensembles for changing environment [C]//Proceedings of the First International Workshop on Multiple Classifier Systems. Berlin:Springer-verlag,2004:1-15.

[28] NAGY G. Classifiers that improve with use[C]//Proceedings IEICE Conference on Pattern Recognition and Multimedia. Tokyo: IEICE,2004:79-86.

[29] CONNELL S D,JAIN A K. Writer adaptation for online handwriting recognition[J]. IEEE Transactions Pattern Analysis and Machines Intelligence,2002,24(3):329-346.

[30] KIENZLE W,CHELLAPILLA K. Personalized handwriting recognition via biased regularization[C]//Proceedings International Con-

ference Machine Learning. New York：ACM，2006：457-464.

[31] LAVIOLA J J，ZELEZNIK R C. A practical approach for writer-dependent symbol recognition using a writer-independent symbol recognizer[J]. IEEE Transactions Pattern Analysis and Machine Intelligence，2007，29(11)：1917-1926.

[32] PLATT J C，MATIC N P. A constructive RBF network for writer adaptation[C]//Proceedings Advances in Neural Information Processing Systems. Cambridge：MIT Press，1997.

[33] ROLAND K，JUNQUA J C，PATRICK N，et al. Rapid speaker adaptation in eigenvoice space[J]. IEEE Transactions Speech and Audio Processing，2000，8(6)：695-707.

[34] LEE C H，HUO Q. On adaptive decision rules and decision parameter adaptation for automatic speech recognition[J]. Proceedingss of the IEEE，2000，88(8)：1241-1269.

[35] LEGGETTER C J，WOODLAND P C. Maximum likelihood linear regression for speaker adaptation of continuous density hidden markov models [J]. Computer Speech and Language，1995，9(12)：171-185.

[36] BLITZER J，MCDONALD R，PEREIRA F. Domain adaptation with structural correspondence learning[C]//Proceedings Conference Empirical Methods in Natural Language Processing. New York：ACM，2006：120-128.

[37] DAUME H，MARCU D. Frustratingly easy domain adaptation [J]. Association for Computational Linguistics，2007，45(1)：256.

[38] DAUME H，MARCU D. Domain adaptation for statistical classifiers [J]. Journal of Artificial Intelligence Research，2006，26：101-126.

[39] ROLI F，DIDACI L，MARCIALIS G L. Adaptive biometric systems that can improve with use [C]//Advance in Biometrics. Berlin：Springer，2008：447-471.

[40] RADUCANU B，VITRIA J，LEONARDIS A. Online pattern recog-

nition and machine learning technique for computer vision: Theory and applications [J]. Image and Vision Computing, 2010, 28(7):1063-1064.

[41] BINGHAM E, MANNILA H. Random projection in dimensionality reduction: applications to image and text data [C] // Proceedings International Conference Knowledge Discovery and Data Mining. New York: ACM, 2001:245-250.

[42] DASGUPTA S. Experiments with random projection [C] // Proceedings Uncertainty in Artificial Intelligence. San Francisco: Morgan Kaufmann Publisher Incovporated, 2000:143-151.

[43] FISHER R A. The use of multiple measurements in taxonomic problems[J]. Annals of Eugenics, 1936,7(2):179-188.

[44] RAO C R. The utilization of multiple measurements in problems of biological classification [J]. Royal Statistical Society Series B (Methodological), 1948, 10(2):159-203.

[45] LOOG M, DUIN R P W, UMBACH R H. Multiclass linear dimension reduction by weighted pairwise fisher criteria[J]. IEEE Transaction Pattern Analysis and Machine Intelligence, 2001,23(7):762-766.

[46] LOTLIKAR R, KOTHARI R. Fractional-step dimensionality reduction[J]. IEEE Transaction Pattern Analysis and Machines Intelligence, 2000,22(6):623-627.

[47] TAO D, LI X, WU X, et al. Geometric mean for subspace selection [J]. IEEE Transaction Pattern Analysis and Machine Intelligence, 2009,31(2):260-274.

[48] BIAN W, TAO D. Harmonic mean for subspace selection[C] // Proceedings International Conference Pattern Recognition. Cambridge: IEEE, 2008:1-4.

[49] BIAN W, TAO D. Max-Min distance analysis by using sequential SDP relaxtion for dimension reduction[J]. IEEE Transaction Pattern nalysis and Machine Intelligence, 2011,33(5):1037-1050.

[50] XU B, HUANG K, LIU C L. Dimensionality reduction by minimal

distance maximization [C]//Proceeding International Conference Pattern Recognition. New York:ACM,2010:569-572.

[51] YU Y,JIANG J,ZHANG L. Distance metric learning by minimal distance maximization[J]. Pattern Recognition,2011,44(3):639-649.

[52] ZHANG Y,YEUNG D Y. Worst-case linear discriminant analysis [C]//Proceeding Advances in Neural Information Processing Systems. New York:Curran Associates Incorporated,2010:2568-2576.

[53] MOUSTAFA K T A,TORRE F D L,FERRIE F P. Pareto discriminant analysis [C]//Proceedings IEEE International Conference Computer Vision and Pattern Recognition. Cambridge:IEEE, 2010:3602-3609.

[54] LOOG M,DUIN R P W. Linear dimensionality reduction via a heteroscedastic extension of LDA:the Chernoff criterion[J]. IEEE Transaction Pattern Analysis and Machine Intelligence,2004,26 (6):732-739.

[55] ZHU M, MARTINEZ A M. Subclass discriminant analysis [J]. IEEE Transaction Pattern Analysis and Machine Intelligence,2006,28(8):1274-1286.

[56] KIMURA F,WAKABAYASHI T,MIYAKE Y. On feature extraction for limited class problem[C]//Proceedings International Conference Pattern Recognition. Cambridge:IEEE,1996:191-194.

[57] CEVIKALP H, NEAMTU M, WILKES M, et al. Discriminative common vector for face recognition[J]. IEEE Transaction Pattern Analysis and Machine Intelligence,2005,27(1):4-13.

[58] YU H,YANG J. A direct LDA algorithm for high-dimensional data with application to face recognition [J]. Pattern Recognition, 2001,34(10):2067-2070.

[59] GAO T F,LIU C L. High accuracy handwritten Chinese character recognition using LDA-based compound distances [J]. Pattern Recognition,2008,,41(11):3442-3451.

[60] LIU C L. Normalization-cooperated gradient feature extraction for

handwritten character recognition [J]. IEEE Transaction Pattern Analysis and Machine Intelligence, 2007, 29(8): 1465-1469.

[61] ZHANG X Y, HUANG K, LIU C L. Pattern field classification with style normalized transformation[C]//Proceedings International Joint Conference Artificial Intelligence. Palo Alto: AAAI, 2012: 213-218.

[62] GAO X, GUO J, JIN L. Dimensionality reduction by locally linear discriminant analysis for handwritten Chinese character recognition [J]. IEICE Transaction Information and Systems, 2012, 95 (10): 2533-2543.

[63] WANG Y W, DING X Q, LIU C S. Neighbor class linear discriminant analysis [J]. Pattern Recognition and Artificial Intelligence (in Chinese), 2012, 25(3): 406-410.

[64] LIU H, DING X. Improve handwritten character recognition performance by heteroscedastic linear discriminant analysis[C]//Proceedings International Conference Pattern Recognition. Cambridge: IEEE, 2006: 880-883.

[65] KIMURA F, TAKASHINA K, TSURUOKA S, et al. Modified quadratic discriminant function and the application to Chinese character recognition [J]. IEEE Transaction Pattern Analysis and Machine Intelligence, 1987, 9(1): 149-153.

[66] LIU C L, YIN F, WANG D H, et al. CASIA online and offline Chinese handwriting databases [C]//Proceedings International Conference Document Analysis and recognition. Cambridge: IEEE, 2011: 37-41.

[67] 模式识别国家重点实验室. CASIA 在线和离线中文手写数据库[DS/OL]. http://www.nlpr.la.ac.cn/databases/handwriting/Download.html.

[68] LIU C L, YIN F, WANG Q F, et al. ICDAR 2011 Chinese handwriting recognition competition[C]//Proceeding International Conference Document Analysis and Recognition. Cambridge: IEEE,

2011:1464-1469.

[69] LIU C L,YIN F,WANG D H,et al. Online and offline handwritten Chinese character recognition:Benchmarking on new databases [J]. Pattern Recognition,2017,61:348-360.

[70] LIU C L,SAKO H,FUJISAWA H. Discriminative learning quadratic discriminant function for handwriting recognition [J]. IEEE Transaction Neural Networks,2004,15(2):430-444.

[71] SHAO Y,WANG C,XIAO B. Fast self-generation voting for handwritten Chinese character recognition [J]. International Document Analysis and Recognition,2013,16(4):413-424.

[72] CIRESAN D, MEIER U, SCHMIDHUBER J. Multi-column deep neural networks for image classification[C]//Proceedings IEEE International Conference Computer Vision and Pattern Recognition. Cambridge:IEEE,2012:3642-3649.

[73] ZHANG X Y,LIU C L. Writer adaptation with style transfer mapping[J]. IEEE Transaction Pattern Analysis and Machine Intelligence(in Press),2013,35(7):1773-1787.

[74] DEMSAR J. Statistical comparisons of classifiers over multiple data sets[J]. Journal of Machine Learning Research,2006,7:1-30.

[75] FUKUNAGA K,MANTOCK J M. Nonparametric discriminant analysis[J]. IEEE Transaction Pattern Analysis and Machine Intelligence,1983,5(6):671-678.

[76] KUO B C, LANDGREBE D A. Nonparametric weighted feature extraction for classification[J]. IEEE Transaction Geoscience and Remote Sensing,2004,42(5):1096-1105.

[77] LEE C,LANDGREBE D A. Feature extraction based on decision boundaries[J]. IEEE Transaction Pattern Analysis and Machine Intelligence,1993,15(4):388-400.

[78] WANG Q F,YIN F,LIU C L. Handwritten Chinese text recognition by integrating multiple context[J]. IEEE Transaction Pattern Analysis and Machine Intelligence,2012,34(8):1469-1481.

[79] JUANG B H,KATAGIRI S. Discriminative learning for minimum error classification[J]. IEEE Transaction Signal Processing,1992, 40(12):3043-3054.

[80] WANG Y, HUO Q. Sample separation margin based minimum classification error training of pattern with quadratic discriminant functions[C]//IEEE International Conference Acoustics Speech and Signal Processing. Cambridge:IEEE,2010:1866-1869.

[81] SU T H,LIU C L,ZHANG X Y. Perceptron learning of modified quadratic discriminant function[C]//International Conference Document Analysis and Recognition. Cambridge:IEEE,2011:1007-1011.

[82] WANG Y,DING X,LIU C. MQDF discriminative learning based offline handwritten Chinese character recognition[C]//International Conference Document Analysis and Recognition. Cambridge:IEEE, 2011:1100-1104.

[83] WANG Y,DING X,LIU C. MQDF retrained on selected sample set[J]. IEICE Transaction Information and Systems,2011,E94-D (10):1933-1936.

[84] LIU H,DING X. Handwritten Chinese character recognition based on mirror image learning and the compound Mahalanobis function [J]. Tsinghua University(Science and Technology)(in Chinese), 2006.

[85] LONG T,JIN L. Building compact MQDF classifier for large character set recognition by subspace distribution sharing[J]. Pattern Recognition,2008,41(9):2916-2925.

[86] WANG Y,HUO Q. Modeling inverse covariance matrices by expansion of tied basis matrices for online handwritten Chinese character recognition[J]. Pattern Recognition,2009,42(12):3296-3302.

[87] WANG Y, HUO Q. Building compact recognizers of handwritten Chinese characters using precision constrained Gaussian model, minimum classification error training and parameter compression [J]. International Document Analysis and Recognition, 2011,

14(3):255-262.

[88] YANG D,LIN J. Kernel modified quadratic discriminant function for online handwritten Chinese characters recognition[C]//International Conference Document Analysis and Recognition. Cambridge: IEEE,2007,1:38-42.

[89] 付强,丁晓青,刘长松. 用于手写汉字识别的级联 MQDF 分类器[J]. 清华大学学报:自然科学版,2008,48(10):4.

[90] FU Q,DING X,LIU C. A new adaboost algorithm for large scale classification and its application to Chinese handwritten character recognition[C]//Proceedings of International Conference Frontiers in Handwriting Recognition. Cambridge:IEEE,2008.

[91] XU B,HUANG K,KING I, et al. Graphical lasso quadratic discriminant function and its application to character recognition [J]. Neurocomputing,2014,129:33-40.

[92] KAWATANI T. Handwritten kanji recognition with determinant normalized quadratic discriminant function[C]//Proceedings International Conference Pattern Recognition. Cambridge: IEEE, 2000,2:2343-2346.

[93] LIU C I. High accuracy handwritten Chinese character recognition using quadratic classifiers with discriminative feature extraction [C]//International Conference Pattern Recognition. Cambridge: IEEE,2006,2:942-945.

[94] FRIEDMAN J H. Regularized discriminant analysis [J]. American Statistical Association,1989,84(405):165-175.

[95] SRIVASTAVA S,GUPTA M R,FRIGYIK B A. Bayesian quadratic discriminant analysis[J]. Machine Learning Research,2007,8 (6):1277-1305.

[96] CARUANA R. Multitask learning[J]. Machine Learning,1997,28 (1):41-75.

[97] PAN S J,YANG Q. A survey on transfer learning[J]. IEEE Transaction Knowledge and Data Engineering,2010,22(10):1345-1359.

[98] KOHONEN T. The self-organizing map [J]. Proceedings of the IEEE,1990,78(9):1464-1480.

[99] SATO A, YAMADA K. Generalized learning vector quantization [C]//Proceedings Advances in Neural Information Processing Systems. Cambridge:MIT Press,1995,7:423-429.

[100] MATIC N, GUYON I, DENKER J, et al. Writer-adaptation for on-line handwritten character recognition[C]//Proceedings International Conference Document Analysis and Recognition. Cambridge:IEEE,1993:187-191.

[101] HADDAD L,HAMDANI T M,KHERALLAH M,et al. Improvement of on-line recognition systems using a RBF-neural network based writer adaptation module[C]//Proceedings International Conference Document Analysis and Recognition. Cambridge: IEEE, 2011:284-288.

[102] TEWARI N C,NAMBOODIRI A M. Learning and adaptation for improving handwritten character recognizers [C]//Proceedings International Conference Document Analysis and Recognition. Cambridge:IEEE,2009:86-90.

[103] VUORI V,KORKEAKOULU T. Adaptive methods for online recognition of isolated handwritten characters[J]. Computer Science, 2002,74:93.

[104] MOUCHERE H,ANQUETIL E,RAGOT N. Writer style adaptation in on-line handwriting recognizers by a fuzzy mechanism approach:The ADAPT method[J]. International Pattern Recognition and Artificial Intelligence,2007,21(1):99-116.

[105] TAKEBE H,KUROKAWA K,KATSUYAMA Y,et al. A learning pseudo bayes discriminant method based on different distribution of feature vectors[C]//Proceedings International Workshop Document Analysis Systems. Berlin:Springer-Verlag,2002:134-144.

[106] DING K,JIN L. Incremental MQDF learning for writer adaptive handwriting recognition [C]//Proceedings International Confer-

ence Frontiers in Handwriting Recognition. Cambridge: IEEE, 2010:559-564.

[107] AKSELA M, LAAKSONEN J. Adaptive combination of adaptive classifiers for handwritten character recognition[J]. Pattern Recognition Letters, 2007, 28(1):136-143.

[108] CAO H, PRASAD R, SALEEM S, et al. Unsupervised HMM adaptation using page style clustering[C]//Proceedings International Conference Document Analysis and Recognition. Cambridge: IEEE, 2009:1091-1095.

[109] CHELLAPILLA K, SIMARD P, ABDULKADER A. Allograph based writer adaptation for handwritten character recognition [C]//Proceedings International Workshop Frontiers in Handwriting Recognition. Cambridge: IEEE, 2006:423-428.

[110] SZUMMER M, BISHOP C M. Discriminative writer adaptation [C]//Proceedings International Workshop Frontiers in Handwriting Recognition. Cambridge: IEEE, 2006:293-298.

[111] BRAKENSIEK A, KOSMALA A, RIGOLL G. Comparing adaptation techniques for on-line handwriting recognition [C]//Proceedings International Conference Document Analysis and Recognition. Cambridge: IEEE, 2001:486-490.

[112] VINCIARELLI A, BENGIO S. Writer adaptation techniques in HMM based offline cursive script recognition[J]. Pattern Recognition Letters, 2002, 23(8), 905-916.

[113] HUANG Z, DING K, JIN L, et al. Writer adaptive online handwriting recognition using incremental linear discriminant analysis [C]//Proceedings International Conference Document Analysis and Recognition. Cambridge: IEEE, 2009:91-95.

[114] JIN L, DING K, HUANG Z. Incremental learning of LDA model for Chinese writer adaptive [J]. Neurocomputing, 2010, 73 (10):1614-1623.

[115] NAGY G, SHELTON G. Self = corrective character recognition sys-

tem [J]. IEEE Transaction Information Theory, 1966, 12 (2):
215-222.

[116] VEERAMACHANENI S, NAGY G. Analytical results on Style-constrained bayesian classification of pattern filed [J]. IEEE Transaction Pattern Analysis and Machine Intelligence, 2007,29(7):1280-1285.

[117] SARKAR P, NAGY G. Style consistent classification of isogenous patterns[J]. IEEE Transaction Pattern Analysis and Machine Intelligence,2005,27(1):88-98.

[118] VEERAMACHANENI S, NAGY G. Adaptive classifiers for multisource OCR[J]. International Document Analysis and Recognition,2003,6:154-166.

[119] VEERAMACHANENI S, NAGY G. Style context with second-order statistics [J]. IEEE Transaction Pattern Analysis and Machine Intelligence,2005,27(1):14-22.

[120] TENENBAUM J B, FREEMAN W T. Separating style and content with bilinear models[J]. Neural Computation,2000,12(6):1247-1283.

[121] ZHANG X Y, HUANG K, LIU C L. Pattern field classification with style normalized transformation[C]//Proceedings International Joint Conference Artificial Intelligence. Palo Alto:AAAI, 2011:1621-1626.

[122] SERRANO J A R, PERRONNIN F, SANCHEZ G, et al. Unsupervised writer adaptation of whole-word HMMs with application to word-spotting [J]. Pattern Recognition Letters, 2010, 31 (8):742-749.

[123] NOSARY A, HEUTTE L, PAQUET T. Unsupervised writer adaptation applied to handwritten text recognition[J]. Pattern Recognition,2004,37(2):385-388.

[124] HUANG G, KAE A, DOERSCH C, et al. Bounding the probability of error for high precision optical character recognition

[J]. Journal of Machine Learning Research,2012,12:363-387.

[125] XIU P,BAIRD H. Whole-book recognition[J]. IEEE Transaction Pattern Analysis and Machine Intelligence,2012,34(12):1668-1675.

[126] FRINKEN V,BUNKE H. Evaluating retraining rules for semi-supervised learning in neural network based cursive word recognition[C]//Proceedings International Conference Document Analysis and Recognition. Cambridge:IEEE,2009:31-35.

[127] BLUM A,MITCHELL T. Combining labeled and unlabeled data with co-training[C]//Proceedings Annual Conference Computational Learning Theory. New York:ACM,1998:92-100.

[128] GOLDMAN S A,ZHOU Y. Enhancing supervised learning with unlabeled data[C]//Proceedings International Conference Machine Learning. New York:ACM,2000:327-334.

[129] FRINKEN V,FISHER A,BUNKE H,et al. Co-training for handwritten word recognition[C]//Proceedings International Conference Document Analysis and Recognition. Cambridge: IEEE, 2011:314-318.

[130] OUDOT L,PREVOST L. MILGRAM M. Self-supervised adaptation for online script text recognition[J]. Electronic Letters on Computer Vision and Image Analysis,2005,5(2):87-97.

[131] CONNELL S D,JAIN A K. Writer adaptation for online handwriting recognition[J]. IEEE Transaction Pattern Analysis and Machine Intelligence,2002,24(3):329-346.

[132] BALL G R,SRIHARI S N. Semi-supervised learning for handwriting recognition [C]//Proceedings International Conference Document Analysis and Recognition. Cambridge:IEEE,2009:26-30.

[133] VAJDA S,JUNAIDI A,FINK G A. A semi-supervised ensemble learning approach for character labeling with minimal human effort[C]//Proceedings International Conference Document Analysis and Recognition. Cambridge:IEEE,2011:259-263.

[134] ARORA A,NAMBOODIRI A M. A semi-supervised SVM frame-

work for character recognition [C]//Proceedings International Conference Document Analysis and Recognition. Cambridge: IEEE,2011:1105-1109.

[135] ZHANG X Y,LIU C L. Style transfer matrix learning for writer adaptation [C]//Proceedings IEEE International Conference Computer Vision and Pattern Recognition. Cambridge: IEEE, 2011:393-400.

[136] JIN X B,LIU C L,HOU X. Regularized margin-based conditional log-likelihood loss for prototype learning[J]. Pattern Recognition,2010,43(7):2428-2438.

[137] LIU C L,SAKO H,FUJISAWA H. Discriminative learning quadratic discriminant function for handwriting recognition[J]. IEEE Transaction Neural Networks,2004,15(2):430-444.

[138] PLATT J. Probabilistic outputs for support vector machines and comparisons to regularized likelihood methods [J]. Advances in Large Margin Classifiers,1999,10(3):61-74.

[139] ZADROZNY B, ELKAN C. Transforming classifier scores into accurate multiclass probability estimates[C]//Proceedings ACM International Conference Knowledge Discovery and Data Mining. New York:ACM,2002:694-699.

[140] LIU C L, ZHOU X D. Online Japanese character recognition using trajectory-based normalization and direction feature extraction[C]//Proceedings International Conference Docement Analysis and Recognition. Cambridge:IEEE,2006:217-222.

[141] DING K,DENG G, JIN L. An investigation of imaginary stroke techinique for cursive online handwriting Chinese character recognition [C]//Proceedings International Conference Document Analysis and Recognition. Cambridge:IEEE,2009:531-535.

[142] BENGIO Y. Learning deep architectures for AI [J]. Foundations and Trends in Machine Learning,2009,2(1):1-127.

[143] BISHOP C M. Neural network for pattern recognition[M]. New

York:Clarendon Press Oxford,1995.

[144]　GOUTIER N,HALL D,COWLEY J. Estimating face orientation form robust detection of salient facial features[C]//Proceedings International Conference Pattern Recognition. Cambridge:IEEE,2004.

[145]　HASTIE T, TIBASHIRANI R. Discriminant adaptive nearest neighbor classification[J]. IEEE Transaction Pattern Analysis and Machine Intelligence,1996,18(6):607-616.

[146]　YIN F,ZHOU M K,WANG Q F,et al. Style consistent perturbation for handwritten Chinese character recognition[C]//Submitted to International Conference Document Analysis and Recognition. Cambridge:IEEE,2013:1051-1055.